巧心思做出好味道

萨巴蒂娜 / 主 编

青岛出版社

QINGDAO PUBLISHING HOUSE

图书在版编目（CIP）数据

巧心思做出好味道/萨巴蒂娜主编．－－青岛：青岛出版社，2019.8

ISBN 978-7-5552-8442-0

Ⅰ．①巧… Ⅱ．①萨… Ⅲ．①家常菜肴—菜谱 Ⅳ．① TS972.127

中国版本图书馆 CIP 数据核字 (2019) 第 162336 号

书　　　名	巧心思做出好味道	
主　　编	萨巴蒂娜	
出 版 发 行	青岛出版社	
社　　址	青岛市海尔路182号（266061）	
本 社 网 址	http://www.qdpub.com	
邮 购 电 话	13335059110　0532-68068026	
策 划 编 辑	周鸿媛	
责 任 编 辑	肖　雷　徐　巍	
设 计 制 作	张　骏　叶德永　任珊珊	
制　　版	青岛帝骄文化传播有限公司	
印　　刷	青岛海蓝印刷有限责任公司	
出 版 日 期	2019年10月第1版　2019年10月第1次印刷	
开　　本	16开（710毫米×1010毫米）	
印　　张	14.25	
字　　数	200千字	
图　　数	909幅	
书　　号	ISBN 978-7-5552-8442-0	
定　　价	49.80元	

编校质量、盗版监督服务电话　4006532017　0532-68068638

建议陈列类别：生活类　美食类

歌翻唱，菜新烹

我喜欢听各种翻唱的歌。比如王菲的《暗涌》，我认为黄耀明的舒缓版本更好听。但这并不妨碍我用我的小喇叭听了一千遍王菲的"然后天空又再涌起密云"。比如最近很红的《声入人心》，把通俗歌曲用歌剧唱腔演绎出来，别有味道。

做菜也是如此。记得小时候跟妈妈学做菜，妈妈喜欢沿袭古法，而我则好探索又倔强。长大以后，靠自己的好奇心和吃货的本性，改良了不少菜的做法，比如孜然糟熘鱼片，同时加很多奶酪粉和四川泡豇豆的炸酱意面。萨巴厨房的很多菜都有我的点子哦。

我也喜欢同一道菜的不同做法。越是普通的菜，比如番茄炒蛋，越是如此。就如歌手唱同一首歌却都会加入自己对歌曲的领悟一样，演绎越多心越喜悦，最好是别出心裁，心思巧妙。放姜的，放蒜的，大葱炒，洋葱炒，倒醋的，放糖的，不放糖的，倒酱油的，倒香油的，还有加尖椒的，加香菜的。西红柿有炒得"烂醉如泥"的，更有依然保持"傲骨"大块的，鸡蛋单独炒后加入番茄的，番茄先炒出汤然后加鸡蛋和软嫩的豆腐的。最后这一款适合下饭，也适合配面条吃。

我吃过最好吃的番茄炒蛋，是一个普通小饭馆做的。厨师把番茄去皮且不说，还特别添加了新疆运过来的番茄酱罐头。这道菜让我那天的心情格外美丽。当然，也许是因为那天他们的服务很贴心。看，哪怕是同一道菜，心境不同，多花一点心思，品尝到的滋味也不同。

在中国，无论是帝王将相，还是贩夫走卒，对美食永远有一颗包容的心。我从来不在乎菜是不是正宗，我只在乎是不是好吃，是不是对我的胃口。

如果您制作家常菜有自己的巧心思秘诀，欢迎给我来信哦，有机会还可以上我们的图书呢。

萨巴蒂娜

 萨巴蒂娜
个人公众订阅号

萨巴小传：本名高欣茹。萨巴蒂娜是当时出道写美食书时用的笔名。曾主编过近百本畅销美食图书，出版过小说《厨子的故事》，美食散文集《美味关系》。现任"萨巴厨房"和"薇薇小厨"主编。

🅦 敬请关注萨巴新浪微博 www.weibo.com/sabadina

目录
Contents

 烹饪小知识

 第一章 营养巧搭配

24/ 碧波玲珑塔

26/ 黑芝麻酱海米豇豆

28/ 西芹豆干猪头肉

30/ 醋泡花生

32/ 麻酱鸡丝

34/ 青椒炒猪肝

36/ 木耳番茄炒鸡蛋

38/ 塔塔菜炒平菇

76/ 凉拌豆腐皮

78/ 香芹双耳

80/ 拌三丝

82/ 凉拌蛏子

84/ 金枪鱼土豆沙拉

86/ 姜汁对虾

87/ 老虎菜

88/ 家常花蛤

90/ 煎小黄花鱼

92/ 煎杏鲍菇

94/ 奥尔良鸡翅

96/ 香菇蒸鸡腿

98/ 蛤蜊蒸蛋

100/ 清蒸草鱼段

102/ 清蒸海鲜

104/ 浇油蒜蓉鱼

106/ 番茄炖鲅鱼

108/ 一锅乱炖

110/ 东坡一品鸡腿

112/ 红糖猪蹄

113/ 水煮河虾

114/ 土豆鸡块

116/ 鲇鱼炖茄子

118/ 快手豆腐花

121/ 腐竹烧香菇

第二章 颜值巧漂亮

124/ 手风琴黄瓜

126/ 彩椒白菜海蜇盏

128/ 杂蔬鲜虾卷

130/ 柠檬鸡肉沙拉

第四章 食材巧利用

烹饪
小知识

· 食材处理 ·

合理地进行食材的预处理，可以极大地缩短料理制备的时间。

蔬菜类

蔬菜类食材焯水一般放在沸水中焯，遵循先焯水再切的原则，避免营养物质的流失。蔬菜焯完水后，过凉水冷却，可以最大限度保持蔬菜的色泽和口感。比如制作菜谱中的黑芝麻酱海米豇豆，在凉拌前将豇豆过凉水，可以让豇豆保持翠绿的颜色。

畜肉类

肉类食材焯水需要先放在凉水中，将水慢慢加热升温，把漂浮在水面的浮沫去掉。突然放入沸水中，肉表面蛋白质会马上凝固，把血污和腥味锁在肉里。比如排骨、猪蹄等，吃之前都需要焯水。

上浆可以在加工过程中防止水分流失，保持肉质鲜嫩的口感。

鸡肉

在煎鸡胸肉前，可以先加入一点淀粉、调料和少量水，用手搓均匀，使鸡胸肉表面挂上一层淀粉糊。

猪肝

加工猪肝时，可以在猪肝片中加一点淀粉，用手搓均匀，使猪肝表面均匀挂上一层淀粉糊。此方法适用于煎、炒、炸等烹饪方法。

鸡翅

鸡翅清洗干净加调料拌制，抓揉，密封放入冰箱冷藏腌制。

鱼

去掉内脏、鱼鳃和鱼鳍，清洗干净，加入调味品后，密封放入冰箱腌制过夜。

· 小贴士 ·

　　好吃入味的肉类，一般需要较长的腌制时间，比如排骨、鸡翅、牛肉和鱼等，要充分入味建议腌制时间大于 2 小时。需要长时间腌制的食物，可以晚上处理好，放入冰箱过夜。早上取出直接烹饪，入味还省时，尤其适合忙碌的上班族。

食材的切法

食材的切法对菜品的颜值和口感也有影响。在一道菜里，食材的切法一般需要统一。比如拌三丝这道菜，因为豆芽是细长的，所以胡萝卜和海带也都是切成细长的。蒸土豆牛肉时，因牛肉是块状的，所以土豆也要切成大小相似的块状，既能使成品美观又可以保证食材成熟时间一致。

· 食材储存 ·

排骨

　　排骨可以先剁成块，焯完水后沥干，按照一次的用量分开放在保鲜盒里，密封冷冻保存，可以保存 3 个月。

猪肉

猪肉买回来，可以按照烹饪的需求切成丝、片或者块，分成小份放在保鲜盒或者保鲜袋里，冷冻储存，可以保存3个月。比如制作里脊肉炒双花，可以利用现成的里脊肉丝，避免使用时现买耽误时间。

虾仁

夏季是虾比较便宜的季节，可以多买一些，去掉虾头，剥去虾壳，把虾仁分装在保鲜盒里，密封冷冻保存。特别适合匆忙的早晨，或者没有及时买菜的情况使用。比如制作杂蔬鲜虾卷，有了冷冻虾仁，做起来既方便又快速。

玉米粒

秋天是玉米成熟的季节，此时的玉米新鲜还便宜。可以去掉玉米皮，把整个玉米煮熟，玉米粒剥下，装在保鲜袋或者保鲜盒里冷冻保存，可以保存半年。制作一些特殊菜式，比如如意福袋，添加了玉米粒，菜的口感和颜值都会大大提升。

豌豆粒

豌豆成熟季节，多买一些，去掉皮，把豌豆粒放在开水里煮熟，沥干，装在保鲜袋或者保鲜盒里冷冻保存，可以保存半年。制作玉子虾仁时，添加几颗绿色的豆粒，搭配粉色的虾仁和嫩黄色的豆腐，菜品会出彩很多。

胡萝卜丁

胡萝卜切成小丁，放开水里煮熟，沥干，放保鲜袋或保鲜盒里，入冰箱冷冻，可以保存半年。做豆渣珍珠丸子，加入橙黄色的胡萝卜丁，菜品的味道和颜色都会更出彩。

辣椒油

辣椒油是很多菜的点睛之笔。可以一次多做一些，放在玻璃瓶中冷藏储存，随用随取。

· 小贴士 ·

很多食材可以提前处理好，放入冰箱冷冻保存。冷冻的食材最好室温解冻，如果赶时间可以用温水解冻，方便省时。冷冻的食材尽量在较短的时间内用完，解冻后要一次吃完，不建议反复冷冻。

· 借助新科技 ·

善于使用新科技一定可以省时，而且会激发出更大的做菜动力。

料理机

菜里经常会用到肉馅、葱姜碎等。传统的方法是用刀剁，费时费力，可以借助料理机制作，效果更好。食材放入料理机几秒钟就可以变成肉馅等材料，非常节省时间。比如制作菜谱中需要用到肉馅的卷心菜福袋和鸡蓉豆腐等。

电饭煲

一些需要长时间炖煮的菜，可以利用电饭煲的预约功能。晚上把菜和调料放入电饭煲，预约开始煮的时间，早上起床就可以吃到香喷喷、热乎乎的菜。比如制作菜谱中的东坡一品鸡腿和红糖猪蹄。

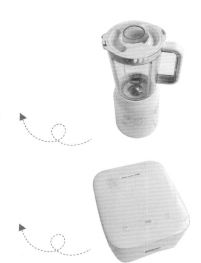

巧用小工具

想要省时间，小工具的力量功不可没。别看"我"小，"我"可有大妙招。

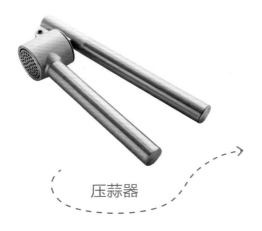

压蒜器

蒜末在制作菜肴时经常用到。用刀剁费时费力，蒜还剁不细。压蒜器可以一下把大蒜压成细腻的蒜末，简单快速。

一道佳肴首先要好吃，在造型上再有点新意就锦上添花了。一套压花器有多种花型，便宜好用，可以数秒把胡萝卜片、黄瓜片等变出漂亮的造型。

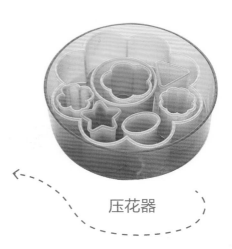

压花器

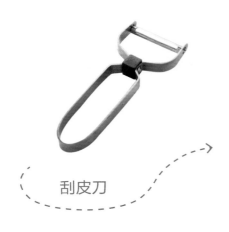

刮皮刀

很多食材需要削皮，用传统的刀削皮不仅危险、费时还特别浪费食材，一不小心一半的食材都给削没了。刮皮刀用起来安全、方便、快速，可用来削土豆皮、莴笋皮、胡萝卜皮等。选一个刀片宽一点的，可以削长的黄瓜片、胡萝卜片等，方便做多种造型。

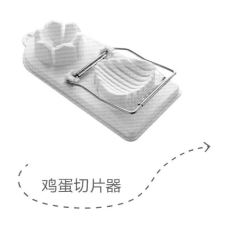

鸡蛋切片器

有没有羡慕过别人的鸡蛋能切得那么整齐，一个鸡蛋还能切成很多片？妙招就是使用这个鸡蛋切片器了，可以切片、切块。切好的鸡蛋可以做沙拉等，颜值特别高。

这个小工具类似我们的削笔刀，可以旋转削出长的薄片，形成一朵朵美丽的花。还有很多类似的雕花刀，都可以在网上买到，非常省时好用。

旋转花刀

玻璃杯、碗等

身边的日常用品也可以是很好用的小工具，玻璃杯和碗等都可以。把做好的菜装入里面，倒扣过来就行，特别适合想做相关造型的菜式又没有工具的朋友们。

调料来帮忙

对于新手或者"懒人"来说，最怕的就是一堆调味料，傻傻分不清。想吃大餐，不知道怎么调味？知道了下面的小妙招，再也不用惊讶别人为什么可以做出非常好吃的料理了。借助一些现成的调料，你也可以。

粉蒸肉调味粉

蒸菜里面粉蒸肉、粉蒸排骨、粉蒸牛肉等都深受大家喜爱。好吃的粉蒸料理自然离不开外面的裹粉。买一包现成的粉蒸肉调味粉，和食材拌在一起蒸熟，好吃就是这么简单。蒸肉粉可以蒸排骨、五花肉、牛肉等。

咖喱

不管是荤菜还是素菜，和咖喱都是绝配。咖喱种类比较多，在盛行咖喱的国家各有讲究。我国主要是使用咖喱粉、咖喱块，使用的口味有微辣、中辣、重辣等不同的辣度。做炖煮菜时可以选择咖喱块，炒菜可以用咖喱粉。

卤料包

卤料种类很多，搭配比例也有讲究。新手可以买一个卤料包，里面混合了多种香料，只需要按照说明书上的比例添加就可以了，可以卤牛肉、鸡腿等，简单方便。

新奥尔良腌料

曾几何时，十分迷恋外面的新奥尔良烤鸡翅。使用了这个现成的新奥尔良腌料后，在家里就可以轻松做出好吃的鸡翅。也可以用于腌制鸡翅根、五花肉等。

辣椒

辣椒可以说是百搭调料，绝对是"懒人"、厨房新手们的秘密武器。很多菜添加一点点的辣椒，好吃度就会立马上升几个档次。

芝麻酱

芝麻酱也是快手烹饪的必备调料。凉拌菜可以添加适量的芝麻酱，提味增香。芝麻酱有天然的香味，制作菜肴使用了它之后很多其他的调味品就不用使用了。

·正确烹饪，营养双倍·

合适的烹饪方法可以最大限度地减少食物中营养素的损失。

蔬菜类先焯水后切

蔬菜中的很多营养素在清洗中容易损失，一般要先完整清洗、焯水后再切，切后直接进行烹饪。避免先切再清洗造成营养素损失。比如豇豆需要先整根焯水，再切成需要的长度。

蔬菜裹粉

高温长时间的烹饪会造成蔬菜中营养素的极大损失。绿叶菜很容易熟，不适合长时间炖煮。蒸的时候可以在绿叶菜的外面裹一层面粉，既减少营养素损失，又增加了菜的口感。蒸红薯叶就采用了这种方法。红薯叶先清洗干净，然后裹上一层粉，放到笼屉上蒸。炒绿叶菜时最好大火快炒，减少烹饪时间，可以最大限度保留营养物质。炖煮菜可以选择胡萝卜、香菇、白萝卜、莴笋等蔬菜。

洗锅

炒菜最好是热锅凉油，先把锅烧热再加入油。尽量避免油在高温下加热。油在高温下非常容易变化，引起里面的反式脂肪酸含量升高，产生有害物质。一个菜炒完，锅里会粘一些油和残渣，一定要把锅里锅外完全洗干净再炒下一个菜，避免粘在锅上的油脂反复加热产生有害物质。

出锅放盐

做菜最好是最后放盐。让盐只是附在食物的表面，增加食物的味道。减少盐的用量，可以减少患高血压的风险。制作凉拌菜或者炒菜，可以使用醋来调味，增加酸味，也可以减少盐的用量。

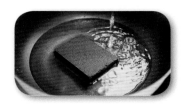

·合理搭配，全家受惠·

每个人都有口腹之欲，偶尔想吃油多、糖多的美食，但是如果经常吃高油、高糖、高盐的食物，"三高"等疾病肯定会找上身。好的料理要符合可以经常食用、居家必备、适合全家人一起享用的要求。

菜肴营养搭配好，互相促进吸收，能让家人越吃越健康。

猪肝

猪肝含有丰富的铁。因维生素C会促进铁的吸收，所以搭配维生素C含量高的青椒，做一道青椒炒猪肝，就会促进铁的吸收。这是一道补铁好菜。

花生

花生脂肪含量高，搭配洋葱和醋制成老醋花生，可以避免摄入过多脂肪。

猪头肉

猪头肉脂肪含量高，且饱和脂肪酸含量较高，搭配膳食纤维和矿物质丰富的芹菜以及富含优质蛋白质的豆干，做一道西芹豆干猪头肉，使得营养素摄入更均衡。

扇贝

扇贝中锌含量很丰富，而且脂肪含量低，蛋白质含量丰富。在三餐中适量地加入扇贝，可以避免锌元素缺乏。

·五颜六色，营养多多·

颜色最易刺激到人的感官，五颜六色的食物既可以激发食欲，又含有很多营养素。植物多彩的颜色，大多是由花青素、胡萝卜素、叶黄素等植物化学物呈现的。植物化学物具有抗氧化的作用，能清除人体自由基，增强身体的免疫力。颜色越深的蔬菜，含有的植物化学物越多，比如紫皮茄子含有绿皮茄子没有的维生素P；深红色的番茄番茄红素含量比粉红色的要多；卷心菜最外层绿色的叶子营养素含量比内部浅颜色的部分要多；芹菜叶的营养素含量比芹菜茎多。所以我们要和五颜六色的蔬菜交朋友，让餐桌上出现更多色彩。

·造型美丽，养眼开胃·

人人都喜欢美好的事物。如果能在好吃营养的基础上，将菜品制造一点美丽造型，那绝对是点睛之笔。每个人都有一双巧手，制造出的菜的造型都藏着自己的一点巧心思。而原则就是简单至上，美丽不复杂。比如有爱心的杂蔬鲜虾卷、彩色的双色藕片、美丽的孔雀开屏鱼等。

第一章

营养巧搭配

吃得好不如吃得巧，食材之间都有密不可分的营养密码。解开营养密码，将普通食材进行巧妙搭配，可以使营养素互补，促进吸收；解开营养密码，可以避免单一的营养素摄入过量或者不足，让您吃得健康营养。

碧波玲珑塔

补铁美肤好菜

菠菜凉拌是很家常的吃法，爽脆清新。在菠菜的基础上，添加了富含铁的深红色猪肝、白色的金针菇和高颜值的彩椒，颜色出彩，营养加倍。

20min
烹饪时间

简单
难易程度

（不含浸泡时间）

巧妙心思

维生素 C 可以促进铁的吸收。彩椒和菠菜都富含维生素 C，搭配猪肝，可以提高铁的吸收利用率。

♣ 主料		辅料		调料	
菠菜	150 克	红彩椒、黄彩椒	各 20 克	醋	2 茶匙
猪肝	50 克	金针菇、麻辣花生	各 50 克	生抽	1 茶匙
		大蒜	3 瓣	料酒	1 茶匙
		姜	2 片	盐	1/2 茶匙
				亚麻籽油	2 茶匙

🌱 做法

1. 菠菜和金针菇均剪去根部，洗净，放入开水中焯水 30 秒。

2. 捞出过凉水，充分控干备用。

3. 猪肝放入清水中浸泡 1 小时，泡出血水，洗净。

4. 锅里加料酒、姜片和猪肝，加水没过猪肝，大火煮开后小火煮 15 分钟。

5. 菠菜、金针菇均切成小段。彩椒洗净，和猪肝分别切成小丁。

6. 大蒜剥皮洗净，用压蒜器压成蒜泥。麻辣花生用刀背压成米粒大小碎粒。

7. 把蔬菜、猪肝丁、醋、盐、生抽、亚麻籽油、大蒜和花生碎混合，拌均匀。

8. 把拌好的菜装到杯子里，压紧，倒扣在盘子里即可食用。

营养贴士

人体缺铁会造成肤色暗黄。动物肝脏含有丰富的血红素铁，易于吸收，是补铁的极好来源。菠菜中的铁是不易吸收的非血红素铁，所以补铁不能靠菠菜，要吃适量的肝脏、瘦肉等。

🍲 烹饪秘籍

1. 菠菜中的草酸含量高，会影响矿物质的吸收利用。焯水可以去掉大部分的草酸。

- - - - - - - - - - - - - - - -

2. 水烧开后，菠菜放入锅中约半分钟即可，避免营养损失。捞出后过一下凉水，可以让菠菜保持碧绿的颜色。

黑芝麻酱海米豇豆

黑色系的补钙菜

海米也叫开洋，是海虾仁晒干后的产物，浓缩了虾的精华，味道非常鲜美。海米搭配翠绿的豇豆，再加一勺钙含量丰富的黑芝麻酱，非常清爽可口，简单易操作。炎炎夏日，还敢说你没胃口吗?

15min
烹饪时间

简单
难易程度

（不含浸泡时间）

1. 豇豆要选翠绿色、粗细均匀、表面没有鼓起来的。这样的豇豆质地较嫩，适合凉拌。老的豇豆适合做炖菜。

- -

2. 可以把海米换成鸡腿肉、猪瘦肉等富含优质蛋白的食材，一样好吃。

♣ 主料

豇豆	150 克
海米	20 克

调料

黑芝麻酱	2 茶匙
醋	1 茶匙
盐	1 克

🍃 做法

1. 海米冲洗干净，放入温水中浸泡 10 分钟。

2. 豇豆掐掉头尾，洗净，放入开水中焯水 2 分钟。

3. 捞出冲凉水冷却，沥干。

4. 豇豆切成长约 3 厘米的段。

5. 黑芝麻酱、醋和盐混合，加适量的水调成能缓慢流动的状态。

6. 芝麻酱料、豇豆段和海米混合均匀即可食用。

营养贴士 💬

常见食物里黑芝麻酱含钙量较高，是钙的良好来源。黑芝麻酱具有天然的香味，是天然的调味剂，搭配食物不需要过多的调味品，就非常好吃。海米也富含优质蛋白质和钙，具有独特的鲜味。补钙不要错过这道菜哦。

西芹豆干猪头肉

人人都爱这道菜

猪头肉简直就是大众情人，深受喜爱。虽然好吃，却往往太过油腻。芹菜特有的清脆口感和芳香气味可以很好地缓解猪头肉的油腻口味。

15min 烹饪时间　**简单** 难易程度

营养贴士 💬

猪头肉脂肪含量比较高，在吃的时候不妨搭配一些清爽的蔬菜、大蒜和醋等，既可以满足口腹之欲，又更加健康。

巧妙心思

用爽口西芹搭配猪头肉，既可以增加风味和口感，又可避免单独吃猪头肉的油腻感和脂肪摄入过量。

♣ 主料

卤猪头肉	100 克
西芹	100 克
豆干	50 克

辅料

大蒜	6 瓣

调料

醋	2 茶匙
生抽	2 茶匙
盐	1/2 茶匙

🍃 做法

1. 卤猪头肉切成厚约 2 毫米的片。
2. 西芹洗净，斜着刀切成厚约 1 毫米的薄片。
3. 豆干洗净，切成厚约 2 毫米的片。
4. 大蒜剥皮洗净，用压蒜器压成蒜泥。
5. 蒜泥、醋、生抽和盐混合成调味汁。
6. 猪头肉片、西芹片、豆干片混合，加上调味汁拌均匀即可食用。

醋泡花生

美 味 下 酒 菜

花生米好吃，但是油脂含量高。在酥脆的油炸花生米里加入醋和洋葱，很好地中和了花生米的油腻，又突出了花生米的香。这是一道很好的下酒菜。

20min
烹饪时间

简单
难易程度

1. 花生米大小要尽量均匀，方便一起炒熟。

----

2. 炒的时候要小火慢炒，火大了容易外面糊，里面还不熟。炒的过程中尝一下，有花生米的熟香味、带点脆就可以了。花生米冷却后会比刚出锅更脆。

----

3. 花生米也可以用烤箱烤熟，不容易糊。

----

4. 洋葱冷藏后再切，切的时候把刀蘸一下水，可以避免辣眼睛。

♣ 主料

花生米　　　　100 克

配料

紫皮洋葱　　　100 克

调料

醋	2 汤匙
糖	1 茶匙
盐	2 克
植物油	2 茶匙

🌿 做法

1. 锅中加入油，倒入花生米，小火加热不停地翻炒。炒至花生米皮能很容易掉下来，花生有香脆感。
2. 盛入盘中冷却。
3. 洋葱去皮洗净，切成边长约 1 厘米的方形。
4. 洋葱、花生米、醋、糖和盐混合，搅拌均匀食用。

营养贴士 💬

花生被称为"长寿果"，富含不饱和脂肪酸、维生素 E 及多种矿物质。但是它油脂含量高达 44%，也就是说吃 100 克花生，相当于摄入了 44 克的油，摄入油脂过量容易引起肥胖、血脂高等问题。洋葱有助于扩张血管、降低血液黏度，二者搭配相得益彰。

麻酱鸡丝

好吃得停不下来

鸡腿的做法千变万化，煎炸蒸炖都可以。唯有这个做法不仅操作简单，而且保持了鸡腿肉鲜香细嫩的口感。用脆的莴笋和芝麻酱来衬托，只有两个字——好吃。

20min 烹饪时间 | 简单 难易程度

♣ 主料

鸡大腿	2 只

辅料

莴笋	100 克
生姜	10 克

调料

芝麻酱	2 茶匙
醋	2 茶匙
盐	1/2 茶匙
料酒	1 茶匙

🌿 做法

1. 生姜去皮，洗净，切成厚约 1 毫米的薄片。

2. 锅里放入料酒、姜片和鸡腿，加水没过鸡腿，大火煮开。

3. 去掉上面的浮沫，中火煮 8 分钟，关火闷 2 分钟。

4. 取出鸡腿放入冰水中冷却。

5. 鸡腿肉撕成丝，放入盘中。

6. 莴笋去皮洗净，切成细丝。

7. 芝麻酱、醋、盐加 1 汤匙鸡汤，拌均匀成芝麻酱料。

8. 鸡丝、莴笋丝混合均匀，浇上芝麻酱料即可食用。

营养贴士 💬

鸡腿肉含有丰富的优质蛋白质，脂肪含量低，是补充优质蛋白质的好食材。芝麻酱不仅钙含量多，还富含不饱和脂肪酸，再加上富含膳食纤维和矿物质的莴笋，成就了这一道健康营养的菜品。吃起来毫无负担。

青椒炒猪肝

补铁好搭档

猪肝和青椒搭配非常家常，殊不知这么家常的搭配不仅可口美味，还符合科学原理。两种食材组成了一对补铁好搭档。

15min | **简单**
烹饪时间 | 难易程度
（不含浸泡时间）

主料

猪肝	100 克
青椒	150 克

辅料

大葱	50 克
淀粉	1/2 茶匙

调料

料酒	1 茶匙
生抽	1 茶匙
醋	1/2 茶匙
盐	1/2 茶匙
植物油	2 茶匙

做法

1. 猪肝洗净，放入清水中浸泡 30 分钟，泡出血水。

2. 捞出沥干，切成厚 2~3 毫米的薄片。

3. 猪肝片放入碗中，加入料酒和淀粉抓揉均匀，备用。

4. 青椒洗净，去掉中间的籽，用手掰成和猪肝差不多大的片。

5. 大葱去皮洗净，斜刀切成厚约 2 毫米的片。

6. 炒锅烧热，加入油和葱片，小火爆香葱片约 1 分钟。

7. 倒入猪肝片，中大火快速翻炒约 2 分钟，至猪肝片边缘微微卷起。

8. 倒入青椒片翻炒 2 分钟，加入生抽、醋和盐翻炒均匀即可出锅。

营养贴士 💬

猪肝含有丰富的铁，是补铁最好的食物之一，建议每周吃一次猪肝。而铁的吸收需要维生素 C 帮忙，青椒中含有丰富的维生素 C，可以促进铁的吸收。所以青椒和猪肝是补铁的好搭档。

烹饪秘籍

1. 猪肝炒得时间久了很容易变老，不容易嚼烂。在猪肝的外面裹上一层淀粉浆，可以防止水分流失，保持软嫩的口感。

2. 炒的时候要大火快炒，避免长时间加热造成水分流失。

木耳番茄炒鸡蛋

颜值界的担当

鲜红多汁的番茄搭配嫩黄色的鸡蛋，视觉上就让人垂涎欲滴。加一点黑色系的木耳，更是锦上添花，关键是营养更加均衡。

15min 烹饪时间 （不含泡发时间）

简单 难易程度

♣ 主料		辅料		调料	
番茄	250 克	大葱	40 克	油	2 茶匙
鸡蛋	3 个			盐	1/2 茶匙
干木耳	10 克				

🥬 做法

1. 干木耳清洗干净，放在温水里面泡发 10 分钟，至柔软的状态，去掉根部。

2. 鸡蛋打入碗中，用筷子搅散，备用。

3. 番茄洗净，顶端用刀划十字。锅里加水烧开，放入番茄和木耳煮半分钟，捞出。

4. 番茄不烫手后去皮，切成大块备用。

5. 将大葱外层白色的葱白和里面嫩绿色的葱心分开，分别切碎。

6. 锅里加 1 茶匙油，油热后倒入鸡蛋液，翻炒至蛋液凝固，盛入碗里备用。

7. 锅里加入剩下的 1 茶匙油，油热后加入葱白碎，炒香后再加入番茄块和木耳翻炒至出汁。

8. 倒入炒好的鸡蛋，加入盐，翻炒均匀，撒入葱心碎即可食用。

烹饪秘籍

1. 木耳用温水泡发会大大缩短发制时间。

- -

2. 番茄放到开水里面烫一下，可以快速地去皮。去皮后的番茄炒蛋口感更好，老少皆宜。

- -

3. 菜里最后撒上嫩绿色的葱心碎，味道和颜值都大大提升。

塔塔菜炒平菇

蔬菜好吃的秘密

叶菜类的蔬菜因为口味清淡，口感不好，很多人不喜欢吃。平菇本身非常鲜美，和塔塔菜一起炒，丰富了菜的味道，蔬菜也更鲜美。

蘑菇中含有丰富的呈味氨基酸，而蔬菜味道比较寡淡，蔬菜中加入蘑菇可以用自然食材让蔬菜更有味道，不需要加很多调味剂。

15min 烹饪时间　**简单** 难易程度

1. 平菇娇嫩，要用流动的水轻轻清洗，着重清洗菌褶的部分。清洗及沥干时很容易折断，要沿着菌褶的方向沥干，防止整个捏成一团，把平菇弄碎。

2. 平菇洗的时候很容易吸水，为防止炒的时候水太多，洗好后要先把水挤掉。

3. 大的平菇应撕成条状，小的可以直接使用。

营养贴士 💬

很多绿叶菜含有丰富的维生素K，维生素K可以帮助补钙。所以要想补钙，也要注意维生素K的补充，多吃绿叶菜。

♣ 主料

		调料	
塔塔菜	150 克	生抽	1 茶匙
平菇	100 克	盐	1/2 茶匙
		植物油	2 茶匙

辅料

大蒜	3 瓣

🌿 做法

1. 掰下塔塔菜的所有叶子，清洗干净，沥干。
2. 平菇洗净，沿着菌褶方向挤掉水，备用。
3. 大蒜去皮洗净，切成厚约 1 毫米的片。
4. 炒锅烧热后加入油和蒜片，小火爆香 1 分钟至有蒜香味。
5. 加入平菇中大火翻炒约 2 分钟。
6. 加入塔塔菜中大火翻炒约 2 分钟。加入生抽和盐，炒均匀即可食用。

吮指茄汁虾

抗氧化能力超级棒

本道菜选择海里的对虾，海虾比淡水虾多了一丝鲜美滋味。运用番茄和番茄酱来调味，虾的鲜美，加上番茄酱汁的酸甜，组合的口味很独特。做法也很简单，分分钟就可以搞定一道大菜。

15min
烹饪时间

简单
难易程度

♣ 主料		辅料		调料	
对虾	300 克	姜	5 克	番茄酱	3 茶匙
番茄	1 个	大蒜	3 瓣	盐	1/2 茶匙
				植物油	2 茶匙
				绵白糖	1 茶匙

烹饪秘籍

番茄需要去皮，否则番茄丁炒成浓稠状后，番茄肉和皮就会分开，菜里会有好多碎碎的番茄皮，口感不好。利用开水烫一下，番茄很容易就可以去皮了，一点都不浪费。适用于制作大部分番茄类的菜肴。

🍃 做法

1. 用剪刀剪去头部的虾须、虾枪和腹部的虾腿。
2. 剪开背部，去掉虾线，洗净，沥干备用。
3. 番茄顶部划十字，放入沸水中煮半分钟。
4. 取出，不烫手后去掉番茄皮，切成小丁。
5. 姜和大蒜均去皮后洗净，剁成碎末。
6. 锅里加入油，油烧热后放入虾，煎至两面的虾壳变红，盛出。
7. 锅里加入姜末和大蒜末，小火爆香后加入番茄丁和番茄酱，中火炒至比较浓稠的状态。
8. 加入煎好的虾，翻炒均匀，加适量盐和绵白糖，装盘食用。

营养贴士 💬

番茄含有丰富的番茄红素，具有很强的抗氧化能力。而虾中的虾青素是目前发现的抗氧化能力最强的天然抗氧化剂之一。抗氧化剂可以帮助我们清除自由基，增强抵抗力，预防多种肿瘤及慢性疾病。

培根秋葵卷

卷 起 来 的 美 味

秋葵恰到好处地中和了培根的油腻。这道菜既可以吃到满嘴流油，又可以吃到清爽的感觉。它是一道颜值和美味并存的菜。

15min 烹饪时间　**简单** 难易程度

烹饪秘籍 🍄

1. 秋葵要先整根焯水，冷却后再进行切段处理。如果先进行切段处理，再焯水，其中的营养物质会损失较多。

- - - - - - - - - - - - - - - - - -

2. 因培根本身已经有咸味了，所以盐要少放。

🌿 做法

1. 秋葵洗净，放入开水中焯水 1 分钟。
2. 捞出，冲凉水冷却。
3. 用刀去掉秋葵根蒂的部分。
4. 将培根从秋葵的中部卷起，卷成卷。
5. 平底锅烧热，加入植物油和秋葵卷。
6. 中小火煎至培根每一面都微微上色，撒上现磨黑胡椒碎和盐即可出锅。

营养贴士 💬

秋葵营养非常丰富，适量吃一些有利于血糖的稳定。培根脂肪含量比较高，多吃不利于健康，但是和秋葵搭配，可以满足口腹之欲又健康。

香煎梅花肉

很好吃的肉

梅花肉是猪身上品质非常高的一块肉，产量很少。瘦肉比例高，瘦肉中又有一丝丝肥肉，非常适合煎着吃。煎好的肉不像五花肉那么腻，又不像大排那样柴，口感适中。

15min 简单
烹饪时间　难易程度
（不含腌制时间）

♣ **主料**

| 梅花肉 | 200 克 |

辅料

| 生菜 | 100 克 |

调料

料酒	1 茶匙
生抽	1 茶匙
辣椒粉	1/2 茶匙
孜然粉	1/2 茶匙
盐	1/2 茶匙
植物油	2 茶匙

做法

1. 梅花肉洗净，切成厚约 0.5 厘米的大片。
2. 梅花肉中加入料酒、生抽、辣椒粉、孜然粉和盐，腌制 30 分钟。
3. 生菜叶片洗干净，沥干，摆入盘中。
4. 平底不粘锅烧热后，加入油，油热后把梅花肉平铺在锅里。
5. 用中火将肉一面煎至微微变色后翻面。
6. 将肉两面都煎至变色后，盛到生菜上食用。

营养贴士

猪肉含有丰富的优质蛋白质，矿物质和 B 族维生素也比较丰富，但是相比其他肉类脂肪含量比较多。搭配生菜，既可以补充膳食纤维、维生素 C，达到营养素互补的效果，又可以缓解油腻感，更加美味。

杧果手剥虾球

越吃越美丽

想吃荤，虾仁是最好的选择。肉质筋道，而且非常容易熟。1分钟就可以满足吃荤的心愿。如果再搭配上爽滑多汁的杧果肉，就更是极大的福利啦。

15min 烹饪时间　**简单** 难易程度

主料			调料		
盐田虾仁	150 克		料酒	1 茶匙	
杧果	150 克		盐	1/2 茶匙	
			植物油	2 茶匙	
辅料					
红彩椒	20 克				
黄彩椒	20 克				
青椒	20 克				

做法

1. 盐田虾仁解冻，清洗干净，沥干。

2. 虾仁里加入料酒，腌制 5 分钟。

3. 把杧果果肉切成和虾仁差不多大的块。

4. 红彩椒、黄彩椒和青椒均洗净，去掉种子，切成菱形小块。

5. 不粘锅烧热后，放入油，油热后放入虾仁和各种彩椒块大火翻炒 2 分钟。

6. 加入盐翻拌均匀，关火，放入杧果块即可出锅食用。

烹饪秘籍

1. 如果不怕麻烦，可以用新鲜的基围虾现剥虾仁。购买成品虾仁需要选择大的，很少含有添加剂的。

- - - - - - - - - - - - -

2. 杧果要选择大的品种，取果肉方便。杧果块很容易炒碎，要最后放入，轻轻拌匀。

- - - - - - - - - - - - -

3. 因杧果、彩椒和虾仁都是微甜的，所以菜里的盐要少放，稍微提味即可。

营养贴士

虾脂肪含量低，富含优质蛋白质。与富含维生素 C 的青椒和杧果搭配，越吃越美丽。

彩椒鸡丁

令人食欲大开

彩椒清脆爽口，鸡丁鲜嫩多汁，搭配在一起使菜品口感富有层次。此菜颜色丰富多彩，让人有食欲。

15min
烹饪时间

简单
难易程度

（不含腌制时间）

♣ 主料		辅料		调料	
鸡胸肉	150 克	黄瓜	50 克	料酒	1 茶匙
红彩椒	30 克	大葱	40 克	生抽	1 茶匙
黄彩椒	30 克	淀粉	1 茶匙	盐	4 克
				白胡椒粉	1/2 茶匙
				植物油	2 茶匙

烹饪秘籍

1. 炒鸡肉的时间很关键，时间久了失水过多，肉质会变得很柴，不易嚼烂。如果控制得恰到好处，鸡肉会鲜嫩多汁。

2. 鸡胸肉加点淀粉可以很好地锁住肉里的水分。炒的时候要中大火炒，使肉快速变熟。

营养贴士

鸡胸肉脂肪含量非常低，又富含优质蛋白。彩椒维生素 C 含量非常丰富。优质的蛋白质加上丰富的维生素 C，这才是补充胶原蛋白的最好方法。

做法

1. 鸡胸肉洗净，切成约 1 厘米见方的小丁。

2. 鸡胸肉中加入料酒、淀粉、生抽和白胡椒粉抓揉均匀，腌制 20 分钟。

3. 红彩椒、黄彩椒均洗净，去籽，切成约 1 厘米见方的方块。

4. 黄瓜洗净，切成约 1 厘米见方的小丁。

5. 大葱洗净，从中间劈开，再切成长约 1 厘米的小段。

6. 炒锅烧热后，加入油和葱段，小火爆香 2 分钟。

7. 倒入鸡肉丁，中大火翻炒 1 分钟。

8. 加入彩椒块和黄瓜丁，翻炒 2 分钟，撒入盐拌匀食用。

粉丝扇贝

世间好搭档

扇贝的鲜香粉嫩，粉丝的晶莹剔透，加上蒜香和调味汁的风味，绝对让你的味蕾感到惊艳。关键是做法虽然很简单，但味道一点都不比五星级酒店的菜品差。

巧妙心思

粉丝和扇贝搭配都不陌生，再加一点胡萝卜丁和豌豆粒，外形好看，在口感上没有违和感，营养上也更加丰富合理。

30min **简单**
烹饪时间 难易程度
（不含浸泡时间）

扇贝	6 个
干粉丝	50 克

辅料

胡萝卜	20 克
熟豌豆	20 克
大蒜	2 头

调料

生抽	1 茶匙
糖	1/2 茶匙
盐	2 克
植物油	2 茶匙

烹饪秘籍

1. 扇贝要选择新鲜的，新鲜的扇贝壳收缩得紧，可以用小刀把肉分开。

----

2. 粉丝用温水泡，可以缩短制作时间。

----

3. 这道菜的灵魂是大蒜，大蒜末一定要用小火煸炒出蒜香味。

💬 营养贴士

扇贝含有丰富的优质蛋白质，锌含量也很丰富，是补锌的好食材。粉丝的主要成分是淀粉，碳水化合物含量多。加一点胡萝卜和豌豆粒，增加了膳食纤维的摄入，而且维生素和矿物质也更加丰富。

🍃 做法

1. 干粉丝放在温水中泡约 10 分钟，至柔软状态。

2. 把扇贝外壳用刷子刷干净。

3. 掰成两半，去掉扇贝肉上黑色的内脏。

4. 扇贝肉取出，清洗干净。

5. 大蒜去皮，洗净，切成蒜末。胡萝卜洗净，切成小丁。

6. 锅烧热加入油，油热后加入蒜末、胡萝卜丁和豌豆粒，煸炒出蒜香味。

7. 加入泡发的粉丝、生抽、糖和盐，翻炒 1 分钟。

8. 把粉丝摆在扇贝壳上，再放上扇贝肉蒸 10 分钟即可食用。

鲜虾豆腐香菇盅

鲜香好味道

把所有好味道的食材放在一起蒸制而成，绝对是适合"懒人"的做法。鲜虾和豆腐都是鲜美之物，放在鲜美的香菇里面，造型独特，鲜上加鲜，味道不容错过。

15min 简单
烹饪时间　难易程度

♣ 主料

明虾	6 个
老豆腐	50 克
香菇	6 个

辅料

鸡蛋清	1 个

调料

料酒	1 茶匙
生抽	1 茶匙
胡椒粉	1/2 茶匙
盐	1 茶匙
植物油	2 茶匙

🌿 做法

1. 明虾去掉头部和外壳，剥出带虾尾的虾仁。

2. 虾仁去掉虾线，从距离尾部约 1/3 处分成两段，清洗干净。

3. 将不带虾尾的一段虾肉剁碎。

4. 将老豆腐捏碎，加入虾仁肉和鸡蛋清、料酒、生抽、胡椒粉、盐和植物油，顺着一个方向搅拌上劲做成豆腐糜。

5. 香菇去掉中间的菌柄，清洗干净，轻轻沥干。

6. 把豆腐糜填到香菇中间的菌碗中。

7. 将带虾尾的一段虾仁插入豆腐糜中。

8. 蒸锅加适量水烧开，放入香菇盅，蒸 8 分钟即可出锅食用。

🔔 烹饪秘籍

1. 老豆腐含水量少，做豆腐虾肉糜更容易成团，所以要选老豆腐。

- - - - - - - - - - - - - - - -

2. 香菇选中等大小、大小均匀、菌碗大的。大小均匀可以保证同时成熟，成菜也更整齐美观。

营养贴士

虾和豆腐都含有丰富的优质蛋白质，而且脂肪含量低，是补充蛋白质的好食材。香菇富含膳食纤维和香菇多糖。优质的蛋白质和香菇多糖都可以帮助提高身体的抵抗力。

蒸土豆牛肉

牛气冲天的

没有复杂的操作工艺，简单的几步就能吃到好吃的蒸牛肉，真的超级适合想偷懒，又想吃大菜的朋友们。牛肉和土豆在一起，你可能抢着吃的是土豆哦。

60min
烹饪时间
（不含腌制时间）

简单
难易程度

♣ **主料**

牛腩	150 克
土豆	150 克

辅料

香菜	2 棵

调料

红朝天椒	5 根
香叶	1 片
蚝油	2 茶匙
生抽、盐	各 1 茶匙
糖、五香粉	各 1/2 茶匙

🍂 做法

1. 牛腩切成约 2 厘米见方的块，凉水入锅，水没过牛腩，加热煮沸后再煮 3 分钟，用勺子去掉表面浮沫。

2. 牛腩捞出，用凉水冲洗干净表面的浮沫，沥干。

3. 加入蚝油、生抽、糖、五香粉和香叶腌制 30 分钟。

4. 土豆去皮洗净，切成和牛腩差不多大的小块。

5. 红朝天椒洗净，切成小圈。

6. 香菜去掉根部，清洗干净，切成长约 2 厘米长的段。

7. 牛腩块和土豆块、朝天椒圈混合均匀，倒入腌牛腩的汤料，用锡纸包好。

8. 蒸锅加入适量水，放入牛肉中火蒸 30 分钟至牛肉熟烂。撒入适量盐和香菜段出锅食用。

🍲 烹饪秘籍

1. 因牛腩中含有的脂肪比较多，所以整道菜可以不用放油。

2. 牛腩焯水时间久一点，这样可以缩短后面的蒸制时间。

3. 牛肉提前腌制过，比较入味，最后加的盐应根据菜的味道适量放入，防止太咸。

4. 切的土豆块和牛肉块不要太大，以方便入味。

💬 营养贴士

土豆搭配牛肉，更好地实现了蛋白质互补。土豆的维生素 C 含量是西红柿的 1 倍多、黄瓜的 3 倍，土豆中的淀粉对维生素 C 有保护作用，防止受热后被破坏，提高维生素 C 的利用率。

蛋奶虾仁

丝滑好味道

鸡蛋和虾仁都是常见的食材，而且营养丰富。鸡蛋清经过简单的清蒸后，口感细滑无比，搭配鲜虾粉嫩的色泽和筋道的口感，呈现出一种低调的奢华。

去掉脂肪和胆固醇含量高的蛋黄，利用鸡蛋清和虾仁搭配，成就了这道营养美味的菜品。二者的蛋白质都容易消化吸收，适合需要补充蛋白质的人食用。

20min | **简单**
烹饪时间 | 难易程度

♣ **主料**

鸡蛋	3 个
明虾	6 个
牛奶	50 克

调料

盐	1/2 茶匙

烹饪秘籍

1. 最好选择现剥的虾仁，颜色和口感都恰到好处。

----

2. 市场上的很多虾仁会添加水增重，还会添加其他的物质让虾仁更加筋道。如果选择市场剥好的虾仁，最好选择没有添加水，直接冷冻保存的。

🍃 **做法**

1. 鸡蛋洗干净外壳，轻轻地敲一个小口子，让蛋清流到碗里。
2. 蛋清加适量盐，加入牛奶，用筷子搅打散。
3. 打散的蛋清过滤一下，去除没有打散的组织，得到细腻的蛋液。
4. 明虾去掉虾头和虾壳，剥出虾仁。
5. 虾仁去掉身体中间的虾线，清洗干净。
6. 取虾仁均匀摆放至蛋液表面，蒸锅加水烧开后，放入蛋液蒸 8 分钟即可食用。

营养贴士 💬

鸡蛋中的脂肪几乎都在蛋黄中。蛋白的脂肪含量只有 0.1%，主要的成分是蛋白质。而且蛋白质的利用率在天然食物中最高，特别适合需要补充优质蛋白质的人。虾仁也是脂肪含量很低，优质蛋白质含量很高的食材。这道菜特别适合需要增肌的健身人士。

腊味豆腐

让豆腐更入味

腊肠配菜，简单还好吃。豆腐做的菜，往往很难入味，这道菜把老豆腐随意压碎，加入腊肠蒸出来的油脂，使得豆腐香气迷人。再加一点绿色的西蓝花，好看还解油腻，营养也更均衡。

25min
烹饪时间

简单
难易程度

♣ 主料

腊肠	100 克
老豆腐	200 克

辅料

西蓝花	100 克

调料

生抽	1 茶匙
盐	1 克
蚝油	1 茶匙
糖	1/2 茶匙

烹饪秘籍

1. 市售腊肠的种类很多，各地口味也不一样。需要选含有一定量肥肉的，带点辣味的更好。

- - - - - - - - - - - - - - - - - - - -

2. 豆腐随意捏碎就可以，不需要捏得很碎，可以带一点层次感。

🌿 做法

1. 西蓝花沿花朵方向掰成小块，洗净沥干。
2. 锅里加入适量水，水开后加入西蓝花烫半分钟，取出过凉水冷却。
3. 腊肠斜刀切成约 2 毫米厚的片。
4. 老豆腐随意捏碎。加入生抽、盐、蚝油和糖拌均匀，放在盘子中间。
5. 腊肠铺在豆腐的上面。
6. 蒸锅加入适量的水，水开后入锅蒸 10 分钟，摆上一圈焯好的西蓝花即可食用。

营养贴士

腊肠单独吃太多会增加得"三高"的风险。搭配营养丰富的西蓝花和豆腐，增加了膳食纤维、维生素和矿物质的摄入，营养搭配更均衡。

鸡蓉豆腐

入口即化

把鸡肉打散，使得鸡肉的鲜味充分散发出来。利用鸡肉的鲜味，搭配滑口的豆腐，菜的整体口感好，味道也很天然。

鸡肉和豆腐都是优质蛋白质的极好来源。把二者打碎，容易食用，尤其适合牙口不好、对优质蛋白质需求多的小孩子食用。

25min 烹饪时间 / **简单** 难易程度

鸡胸肉	100 克
嫩豆腐	100 克

辅料

火腿	50 克
姜	5 克
胡萝卜	50 克

调料

盐	2 克
植物油	2 茶匙

烹饪秘籍

1. 鸡胸肉处理不好容易有腥味，在鸡蓉里面加一点姜，可以有效去除鸡肉的腥味。

----

2. 豆腐要选嫩豆腐，整道菜的口感才会鲜嫩。

做法

1. 姜去皮洗净，切成小块。
2. 鸡胸肉洗净，去掉表层的筋膜，切成块。
3. 鸡胸肉和姜放入料理机，打成泥。
4. 嫩豆腐、胡萝卜和火腿分别切成 1 厘米见方的小块。
5. 炒锅烧热后，加入植物油、胡萝卜块和火腿块，小火煸炒至出香味。
6. 加入半碗水、鸡肉泥和豆腐丁，小火慢炖 15 分钟，加入适量盐即可食用。

营养贴士

《中国居民膳食指南》推荐经常吃大豆及豆制品。大豆含有优质蛋白质，氨基酸比例与人体相似，可以很好地被人体吸收。

酸菜肉片炖粉条

酸爽好滋味

酸菜和很多菜都可以搭配,特别适合新手和"懒人"朋友们,一定要随时备一点。做肉时加一些酸菜,非常解腻开胃,还可以去除肉的腥味,酸爽下饭。

30min 简单
烹饪时间 / 难易程度

♣ 主料

东北酸菜	100 克
五花肉	100 克
红薯粉条	50 克

辅料

冻豆腐	100 克
平菇	50 克
姜	10 克
大葱	40 克

调料

八角	1 个
干红辣椒	2 个
豆瓣酱	1 茶匙
盐	1/2 茶匙
植物油	2 茶匙

🍃 做法

1. 东北酸菜清洗干净，沥干，切成细丝。

2. 五花肉洗净，擦干表面的水，切成厚约 2 毫米的片。

3. 冻豆腐洗净，切成 2 厘米见方的块。平菇洗净，撕成条状。红薯粉条洗净，备用。

4. 姜和葱分别去皮洗净，切成厚约 1 毫米的片。辣椒洗净，切成段。八角洗净备用。

5. 锅烧热后，加入植物油、姜片、葱片、八角和辣椒段，小火翻炒 2 分钟爆香。

6. 加入肉片，炒至肉片变白，炒出少量猪油。

7. 加入豆瓣酱、酸菜丝、冻豆腐块、平菇条翻炒 2 分钟。

8. 加入水，没过菜即可。加入红薯粉条，小火慢炖 20 分钟，加适量盐出锅食用。

营养贴士

白菜经过发酵会产生大量的乳酸菌，乳酸菌分解食物中的碳水化合物产生乳酸，从而使得白菜变酸。吃酸菜可以刺激肠道消化液的分泌，增加食欲。

🍲 烹饪秘籍

酸菜一般有两种，一种是大白菜做的东北酸菜，一般在北方食用比较多，用来做酸菜炖粉条等；一种是雪里蕻做的酸菜，在南方食用比较多，一般用来做水煮鱼、水煮肉片等。如果买成品的酸菜，应取出酸菜冲洗一下，沥干再用，包装袋里的水丢弃不用。

巧妙心思

鸭血炖豆腐

补铁又补钙

鸭血和豆腐都是口感比较弹的食材，一种富含铁，一种富含钙，搭配在一起补铁又补钙，非常营养美味。加点酸菜提味，让菜更有味道。

富含铁的鸭血和富含钙的豆腐搭配在一起，再添加一些富含维生素C的蒜苗，可以促进矿物质的吸收利用。

35min 简单
烹饪时间　难易程度

♣ 主料			辅料			调料		
鸭血	100 克		酸白菜	50 克		泡椒	4 个	
老豆腐	100 克		蒜苗	50 克		料酒	1 茶匙	
			姜	10 克		生抽	2 茶匙	
			大葱	40 克		糖	1/2 茶匙	
						盐	1/2 茶匙	
						植物油	2 茶匙	

做法

1. 鸭血切成长宽均约 2 厘米的块，入开水中焯水 1 分钟。

2. 捞出鸭血，沥干备用。

3. 老豆腐切成和鸭血大小相似的块。

4. 酸白菜洗净，沥干，切碎。蒜苗去皮洗净，切成长约 3 厘米的段。

5. 泡椒切小丁。姜和大葱均去皮洗净，切成厚约 1 毫米的片。

6. 锅烧热，加入植物油、姜片和大葱片，爆炒 2 分钟。

7. 加入酸菜碎翻炒均匀，加入鸭血块、老豆腐块、料酒、泡椒、生抽、糖，加入半碗水，小火慢炖 10 分钟。

8. 加入适量盐和蒜苗段，慢慢翻炒至汤汁基本收干，出锅即可。

烹饪秘籍

1. 鸭血切片后需要焯一下水，更干净且筋道。

2. 老豆腐含钙量高，耐炖煮，而且与嫩豆腐相比香味较浓。

刀鱼炖白菜

白菜吃出肉滋味

大白菜和刀鱼都是市场上的常见菜。白菜味道不明显，单独吃会寡淡无味。和鲜美的刀鱼搭配在一起，白菜变得高档起来，可以吃出肉的滋味。

30min
烹饪时间 | 简单
难易程度

♣ 主料

刀鱼	200 克
白菜叶	150 克

辅料

姜	10 克
大葱	40 克

调料

干辣椒	2 个
八角	1 个
料酒	1 茶匙
生抽	2 茶匙
糖	1/2 茶匙
盐	1/2 茶匙
植物油	2 茶匙

做法

1. 刀鱼剪掉鱼头、腹部的内脏和身上的鱼鳍，洗干净，剪成长约 5 厘米的段。

2. 姜去皮洗净，切成丝。

3. 大葱去皮洗净，切成长约 5 厘米的葱丝。

4. 干辣椒和八角均洗净，备用。

5. 锅烧热后，加入植物油、姜丝、葱丝、干辣椒和八角，小火爆香 2 分钟。

6. 加入鱼段，煎至两面微微变黄上色。

7. 加入料酒、生抽、糖和适量水，水刚没过鱼身为宜，小火慢炖约 8 分钟。

8. 加入白菜叶，盖盖子焖煮 2 分钟，加入适量盐，大火把水基本收干即可出锅。

营养贴士 💬

白菜富含维生素 U，可以帮助修复溃疡面。白菜中的维生素 C 和钙含量也比较丰富。与鱼搭配同食，可以补充鱼中缺乏的维生素 C、膳食纤维和维生素 U。

🍲 烹饪秘籍 🥢

1. 因刀鱼肉嫩，非常容易碎，所以在煎的过程中，要注意轻轻用铲子翻起来，不要来回翻炒。

- - - - - - - - - - - - - - - - -

2. 有的做法是把刀鱼裹面糊，先炸熟，然后再和白菜一起炖，这样会比较香，但是费事费时。

胡萝卜土豆炖牛腩

容易学的好味道

牛腩土豆是很经典的一道菜，却也是百家百味。只要有了基本的原料，每一种做法都很好吃。很容易就可以做出这道经典的美味。

土豆搭配牛腩比较常见，但是土豆属于主食，吃太多容易造成能量过剩。添加胡萝卜和莴笋，能增加蔬菜品种，使营养更均衡，而且菜品口感和颜色也更丰富。

90min 简单
烹饪时间 难易程度

♣ 主料		辅料		调料	
牛腩	250 克	莴笋	50 克	干辣椒	5 个
胡萝卜	100 克	姜	10 克	卤料包	适量
土豆	100 克	大葱	40 克	白砂糖	1 茶匙
		香菜	1 棵	老抽	1 茶匙
				豆瓣酱	1 茶匙
				植物油	2 茶匙
				盐	适量

🌿 做法

1. 牛腩洗净，切成 2 厘米见方的块，放入锅里，加水没过牛腩。水煮开后继续煮 5 分钟，去掉表面的浮沫。

2. 牛腩块捞出，洗去表面的浮沫，备用。

3. 胡萝卜洗净，切成和牛腩大小相似的滚刀块。

4. 土豆和莴笋去皮洗净，切成和牛腩大小相似的滚刀块。

5. 大葱、姜均去皮洗净，切成厚约 1 毫米的片。干辣椒、卤料包和香菜均洗净，备用。

6. 锅烧热后，加入植物油、姜片、葱片、干辣椒，小火爆香 2 分钟，加入牛腩块和老抽翻炒约 2 分钟。

7. 加入 1 碗水没过牛腩块，加入糖、豆瓣酱和卤料包，大火烧开后小火慢炖 30 分钟。

8. 加入胡萝卜块、土豆块炖煮约 20 分钟。加入莴笋块继续煮 5 分钟，加入适量盐和香菜即可出锅。

烹饪秘籍

1. 卤料包里有多种香料，适合用来卤牛肉等，使用时要按照说明添加。添加量太多可能会使得香料的味完全遮盖了肉的香味。

2. 最好加入适量口感爽脆的莴笋，解腻，丰富口感。

秘制烧肉

文火慢炖出美味

五花肉与香菇、百叶结和海带同时入菜。经过小火慢炖，吸收了肉和香菇的精华，百叶结和海带比肉还好吃。

60min
烹饪时间
难易程度
简单
（不含浸泡时间）

巧妙心思

单独吃五花肉很容易油腻，饱和脂肪酸摄入超标，搭配干香菇、百叶结和海带结，不仅可以减少油腻感，还能降低饱和脂肪酸的摄入量，营养素也更加均衡。

♣ 主料		辅料		调料	
五花肉	200 克	干香菇	6 朵	八角	1 个
		百叶结	80 克	桂皮	1 小块
		海带结	80 克	香叶	1 片
		姜	10 克	生抽	2 茶匙
		大葱	40 克	老抽	1 茶匙
				冰糖	1 茶匙
				盐	1 茶匙
				植物油	2 茶匙

做法

1. 五花肉洗净，切成约 2 厘米见方的块，放入锅里加水煮开，去掉表面的浮沫，取出备用。

2. 干香菇洗净，放在温水里泡约 30 分钟，至泡软。

3. 百叶结和海带结均洗净。八角、桂皮、香叶均洗净备用。

4. 姜和葱均去皮洗净，切成厚约 1 毫米的片。

5. 锅烧热后，加入植物油、姜片、葱片、八角、桂皮和香叶，小火爆香 2 分钟。

6. 加入五花肉块，翻炒至肉表面微微上色，加入生抽、老抽翻炒均匀。

7. 加入香菇、百叶结、海带结和冰糖，加入没过食材约 2 厘米的开水。

8. 大火烧开，小火慢炖 30 分钟至汤汁收干、肉质软烂，加入适量盐即可出锅。

烹饪秘籍

1. 百叶结如果太干，需要先用温水泡发一段时间。这样煮好的百叶结柔软多汁，不会发干。

----

2. 海带结选叶片厚的，耐煮。如果没有海带结，也可以选厚的海带片。

香豆角

吃出肉的感觉

土豆和豆角经常一起搭配。为了体验"大口吃肉"的感觉，加了鲜香菇。香菇饱满有弹性，咬到嘴里鲜嫩细滑，比吃肉的感觉好多了。香菇的细滑饱满，土豆的软糯，豆角的水嫩，结合在一起，吃起来既营养又美味。

30min 烹饪时间 | 简单 难易程度

♣ 主料

土豆	150 克
油豆角	100 克
鲜香菇	50 克

辅料

大葱	40 克
香菜	4 棵

调料

干红辣椒	4 个
八角	1 个
豆瓣酱	2 茶匙
盐	1/2 茶匙
植物油	1 汤匙

烹饪秘籍

1. 香菇要选用新鲜、菌盖厚的，吃起来肉质感强。

2. 油豆角皮厚实，适合做炖煮菜。如果没有油豆角，可以选择比较老的豇豆、四季豆等。

营养贴士 💬

土豆富含淀粉，在新的膳食指南里，已经将土豆算作主食了，所以吃这道菜完全没必要再吃主食，一人一碗菜就可以了。

做法

1. 土豆去皮洗净，切成滚刀块。油豆角掐掉头尾，洗净，掰成长约2厘米的小段。

2. 鲜香菇洗净，每一朵横竖两刀，切成4块。

3. 大葱去皮洗净，斜刀切成片。香菜去根洗净，备用。

4. 八角和干辣椒均洗净，擦干。干红辣椒切成段。

5. 锅烧热后，加入植物油、葱、干红辣椒、八角，小火炒2分钟爆香。

6. 加入土豆块、油豆角段、香菇块翻炒2分钟，加入适量水至食材高度一半。

7. 加入一勺豆瓣酱后盖上锅盖，大火烧开，小火煮10分钟至汤基本收干，土豆软糯。

8. 加入适量盐拌均匀，再加入香菜即可出锅食用。

第二章 制作巧省事

快节奏的生活，让很多人的三餐以外卖为主。吃多了，最怀念的还是家里的味道。无论工作生活多么繁忙，花几分钟，一起来做几道简单省事的料理吧。生活需要这份仪式感。

凉拌豆腐皮

吃出幸福感

豆腐皮可以单独凉拌，也可以搭配其他食材，无论哪种做法都非常好吃。最简单的家常菜，最普通的味道，吃出的却是最幸福的滋味。

15min
烹饪时间

简单
难易程度

1. 香菜有独特的味道，喜欢的人超级爱，不喜欢的人超讨厌。不喜欢吃香菜的，可以将其换成香芹等。

2. 爆香花椒和辣椒的时候一定要保持小火，让辣味和花椒的香味慢慢释放到油中，防止火大炒糊。

营养贴士

大豆俗称是"地上长出来的肉"，富含优质蛋白质和钙。素食主义者一定要多吃豆制品，补充优质蛋白质。大豆中还富含大豆异黄酮，吃大豆制品有助于延缓衰老，改善更年期症状。

巧妙心思

豆腐皮是熟的而且和其他食材较容易搭配，操作也简单，只要用开水烫一下，加一点调料就是一道好菜，非常省事。

♣ **主料**

豆腐皮	200 克

辅料

香菜	4 棵
红二荆条辣椒	2 根

调料

花椒	10 粒
醋	2 茶匙
生抽	2 茶匙
盐	1/2 茶匙
植物油	2 茶匙

🌿 做法

1. 把整张豆腐皮放入沸水中，烫 10 秒钟。
2. 捞出豆腐皮沥干，切成宽约 0.5 厘米的丝。
3. 红辣椒洗净，切细丝。香菜洗净，切成长约 3 厘米的小段。
4. 锅烧热后放入植物油、辣椒丝和花椒，小火爆香 1 分钟，关火。
5. 将豆腐皮丝倒入锅中。
6. 加入醋、生抽、盐和香菜段，拌匀后即可食用。

香芹双耳

黑白配好朋友

木耳和银耳都是菌藻类食材，晒干后非常容易保存，泡发后就可以食用，与很多食材都可以搭配，家里可以常备一些。此菜一黑一白，颜色搭配合理，口感清脆爽口，而且营养丰富越吃越美丽。

20min | **简单**
烹饪时间 / 难易程度
（不含泡发时间）

主料

芹菜	150 克
干银耳	10 克
干木耳	10 克

辅料

大蒜	5 瓣

调料

醋	1 茶匙
生抽	2 茶匙
芝麻油	1 茶匙

烹饪秘籍

1. 如果时间来不及，可以用温水泡发银耳和木耳。

2. 银耳和木耳根部接触培养基，比较脏，泡发后注意把根部去掉。

3. 泡发后的木耳和银耳需要及时吃掉，不宜久置。

做法

1. 把干木耳和干银耳冲洗干净，放入水中泡发约 15 分钟，至木耳和银耳都变得柔软。

2. 泡发后的木耳和银耳去掉根部，放入开水中焯 30 秒。

3. 冲水冷却后将木耳、银耳均撕成小块。

4. 芹菜去掉叶子，梗洗净放入开水中焯 10 秒钟。

5. 捞出芹菜梗，冲冷水冷却。

6. 将芹菜切成长约 3 厘米的段。

7. 大蒜剥皮洗净，压成蒜泥，和醋、生抽、芝麻油混合成蒜泥酱汁。

8. 木耳、银耳和芹菜混合，加入蒜泥酱汁拌匀即可食用。

拌三丝

必不可少的一道菜

拌三丝是凉菜中的经典菜，内含的食材多，很容易实现食材多样化。蔬菜的种类可以根据喜好变换。豆芽、胡萝卜和海带都是口感清爽的菜，搭配在一起颜色、口味两相宜。

15min
烹饪时间

简单
难易程度

♣ **主料**

绿豆芽	100 克
胡萝卜	50 克
泡发海带	50 克

调料

醋	1 茶匙
生抽	1 茶匙
盐	1/2 茶匙
植物油	2 茶匙
花椒粒	10 个
辣椒粉	2 克

🌱 **做法**

1. 胡萝卜和海带均洗净，分别切成细丝。
2. 绿豆芽去掉根，和胡萝卜丝、海带丝一起放入开水中焯1分钟。
3. 捞出焯好的食材，冲水冷却，充分控干，放入盘子中。
4. 锅烧热后放入植物油和花椒粒，小火爆香花椒1分钟。
5. 用漏勺取出花椒。把油倒入辣椒粉中，做成辣椒油。
6. 醋、生抽、辣椒油和盐加入菜中，拌匀后食用。

凉拌蛏子

来自深海的美味

蛏子本身味道就十分鲜美，用凉拌最能体现原汁原味的特点。煮熟的蛏子加一点醋和大蒜就可以了，做法简单，成菜却十分美味。

15min 烹饪时间
简单 难易程度
（不含浸泡时间）

🌿 做法

1. 蛏子在清水中泡 1 小时，清洗干净，沥干。
2. 姜去皮洗净，切成姜丝。
3. 锅里加入姜丝和能没过蛏子的水，水烧开后把蛏子倒入，盖盖子煮约 2 分钟，煮至开口。
4. 蛏子冷却至不烫手后，取出蛏子的肉。
5. 香菜洗净，切段。大蒜洗净，用压蒜器压成蒜泥。
6. 蛏子中加入蒜泥、醋、芝麻油、盐和香菜段，拌匀即可。

烹饪秘籍

1. 蛏子先放在水里浸泡 1 小时，再彻底洗净杂质。

2. 煮蛏子时锅里的水要多放一些，以便蛏子下锅后受热均匀，肉质不容易变老。

3. 吃海鲜时最好搭配蒜、醋和姜等食材，可以起到杀菌的效果。

营养贴士 💬

贝壳类海鲜锌含量很高，是锌元素的最佳来源之一。锌有助于促进孩子的生长发育、增强抵抗力等。日常饮食中要经常吃含锌丰富的食物，如贝壳类海鲜、瘦肉、肝脏类等。

金枪鱼土豆沙拉

既是主食又是菜

做法简单、食材丰富的一道沙拉。既有富含优质蛋白质的金枪鱼，又添加了富含淀粉的土豆和蔬菜，一份沙拉就可以饱腹。

25min
烹饪时间

简单
难易程度

♣ 主料

土豆	100 克
水浸金枪鱼肉	100 克

辅料

苦苣	30 克
紫甘蓝	50 克
圣女果	5 个

调料

凯撒沙拉酱　2 茶匙

🍃 做法

1. 土豆去皮洗净，切成 1 厘米见方的小丁。
2. 土豆丁放入锅中蒸约 10 分钟，取出用勺子压碎。
3. 苦苣洗净，撕成长约 5 厘米的段。
4. 紫甘蓝洗净，切成长约 5 厘米的细丝。
5. 圣女果洗净，对半切开。
6. 将土豆泥、金枪鱼肉、苦苣段、紫甘蓝丝和圣女果混合，放入凯撒沙拉酱拌匀即可食用。

营养贴士 💬

土豆富含淀粉，而且膳食纤维、维生素 C、钾、镁和铁的含量也很丰富，是一种非常营养健康的主食。搭配脂肪含量低、优质蛋白质丰富的金枪鱼，膳食纤维和矿物质含量丰富的蔬菜，做成这道非常健康的料理。

新鲜的对虾，放水里煮熟，是最原汁原味的吃法。此菜不仅制作简单，还能让人吃到新鲜食材最清新自然的味道，满足每一个人的味蕾需求。

10min | **简单**
烹饪时间 | 难易程度

♣ 主料

对虾	200 克

辅料

生姜	10 克

调料

料酒	1 茶匙
生抽	1 茶匙
醋	1/2 茶匙
糖	1/2 茶匙

烹饪秘籍

要想煮出来的虾好看，煮之前最好能把虾枪、虾须和腹部的足去掉。

营养贴士

虾含有丰富的虾青素。虾青素抗氧化能力非常强，可以增强抵抗力、预防疾病。因虾中的虾青素煮熟后会变成红色，所以颜色越红的虾虾青素含量越高。

最 自 然 的 美 味
姜汁对虾

🌿 做法

1. 生姜去皮洗净，剁成细的姜末，加生抽、醋和糖混合均匀，制成姜汁。

2. 对虾剪去虾枪、虾须和虾足，洗干净。

3. 锅里放入能没过虾的水，加 1 茶匙料酒。水沸后放入对虾，煮 3 分钟。

4. 对虾捞出过凉水，依次摆入盘中，蘸姜汁食用。

超 级 厉 害 的
老虎菜

小时候最经常吃的一道菜，很家常的食材，简单地拌到一起就有了一个好听的名字——老虎菜。菜如其名，很火辣爽口。

10min 烹饪时间 | **简单** 难易程度

♣ 主料

紫皮洋葱	100 克
薄皮辣椒	50 克
大葱	50 克
香菜	30 克

调料

生抽	1 茶匙
醋	1 茶匙
芝麻油	1 茶匙
盐	2 克

做法

1. 紫皮洋葱和大葱均去皮洗净，切成细丝。
2. 香菜洗净，切成长约 3 厘米的段。薄皮辣椒洗净，切丝。
3. 生抽、醋、盐和芝麻油混合成调味汁。
4. 洋葱丝、辣椒丝、大葱丝和香菜段混合，加入调味汁拌匀后即可。

烹饪秘籍

如果吃不惯洋葱的辛辣味，可以把洋葱放在沸水中焯 10 秒再用。这样可以有效去除洋葱的辛辣味，但是营养会损失。

营养贴士 💬

洋葱具有抗氧化作用，有助于预防癌症、减少血栓形成。市场上的洋葱一般有紫皮、黄皮和白皮的三种。紫皮的偏辛辣，黄皮的偏甘甜，紫皮洋葱的保健成分会比黄皮的多。

家常花蛤

一 个 一 个 吃 不 停

花蛤是沿海地区最常见的海鲜，真正物美价廉的食材。可以原汁原味蒸上一盆，一家人边聊天边吃，很过瘾，吃的时候能感受到大海的气息。

15min | **简单**
烹饪时间 | 难易程度
（不含浸泡时间）

花蛤本身是非常鲜美的食材，又很容易熟，简单炒一下，一道好吃的菜就完成了。

♣ **主料**

花蛤	250 克

辅料

大葱	50 克
生姜	10 克

调料

干红辣椒	3 个
盐	1/2 茶匙
植物油	2 茶匙

烹饪秘籍

1. 花蛤一定要选鲜活的。活的花蛤静置在淡盐水里一段时间，会吐出长长的舌头。

- - - - - - - - - - - - - - - - - - - -

2. 花蛤要沥干后入锅，大火快炒，这样可以保证每一个花蛤的受热程度差不多，同时变熟。要避免受热不均，过度受热的花蛤肉会从皮上脱落，受热不足，花蛤壳是紧闭的。

营养贴士 💬

蛤蜊富含优质蛋白质，脂肪含量很低，适合绝大多数人食用。但是蛤蜊嘌呤含量较高，尿酸高的人需要根据情况适量摄入。

🌿 **做法**

1. 花蛤洗净，放淡盐水里浸泡 2 小时，浸泡间隙可以换几次清水。

2. 捞出花蛤，沥干备用。

3. 大葱去皮洗净，切成约 3 厘米长的丝。

4. 生姜去皮洗净，切成细丝。

5. 干红辣椒洗净，切成长约 1 厘米的小段。

6. 炒锅烧热后加入植物油、葱丝、姜丝和辣椒段，小火爆香 1 分钟。

7. 倒入花蛤，大火快速翻炒。

8. 炒至大部分花蛤开口，撒入盐，翻拌均匀即可食用。

煎小黄花鱼

越小越美味

黄花鱼是沿海城市最常见的一种海鲜，肉质紧致，味道非常鲜美，价钱还便宜。买几斤黄花鱼，一次煎熟，不急不慢手撕着紧致的鱼肉入口，你一定要试试。

20min 烹饪时间
简单 难易程度
（不含腌制时间）

巧妙
心思

利用小火慢煎，做好的黄花鱼既可以当菜又可以当零食，可以一次多做些，非常省事。

营养贴士

鱼类脂肪含量很低，蛋白质含量高而且非常容易消化，可谓老少咸宜。

♣ **主料**

小黄花鱼	250 克

调料

料酒	2 茶匙
生抽	2 茶匙
盐	1/2 茶匙
五香粉	1/2 茶匙
植物油	2 茶匙

做法

1. 黄花鱼去掉头部的鱼鳃。
2. 去掉鱼肚子里的内脏。
3. 剪掉鱼身上各个部位的鳍，洗净后沥干。
4. 鱼里加入料酒、生抽、盐和五香粉拌均匀，腌制 2 小时。
5. 不粘锅烧热后加入植物油，放入黄花鱼，中小火慢慢煎。
6. 煎至鱼两面都呈金黄色，肉质紧缩即可出锅食用。

煎杏鲍菇

比肉还香的菜

最喜欢的杏鲍菇的做法。用油煎一下，杏鲍菇的鲜味会充分释放出来。撒一点黑胡椒粉，味道绝对能和肉相媲美。要多做点，做少了不够吃。

15min
烹饪时间

简单
难易程度

1. 杏鲍菇用黄油煎会更香。

- -

2. 黑胡椒碎不是黑胡椒粉，一定要用整粒黑胡椒现磨。煎一下，黑胡椒的风味会更好。为了防止黑胡椒碎煎煳，要最后加入，略微煎一下即可。

营养贴士 💬

俗话说"四条腿的不如两条腿的，两条腿的不如一条腿的，一条腿的不如没腿的"。这个没腿的指的就是蘑菇。蘑菇蛋白质含量比一般蔬菜都高，而且含有多种氨基酸，呈现出非常浓郁的鲜味。杏鲍菇中还富含蘑菇多糖，可以增强抵抗力，提高免疫力。

♣ 主料

杏鲍菇	200 克

调料

现磨黑胡椒碎	1 茶匙
盐	1/2 茶匙
植物油	2 茶匙

🌿 做法

1. 杏鲍菇洗净，沥干。
2. 将杏鲍菇纵向切成厚约 2 毫米的片。
3. 平底不粘锅烧热，加入植物油和杏鲍菇片，小火加热。
4. 一面煎至微微变色后，翻面继续煎至两面都变色。撒入适量的黑胡椒碎，继续煎 2 分钟。撒入适量的盐出锅即可。

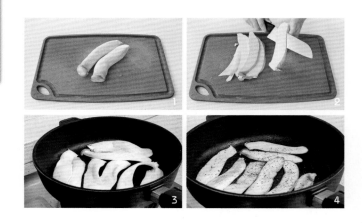

巧妙
心思

只需要煎一下，就能充分释放杏鲍菇的香味，好吃，简单，省事。

奥尔良鸡翅

听到就要流口水

大名鼎鼎的奥尔良烤鸡翅，俘获了很多人的心，是不是觉得做起来很复杂？其实在家里也能做出同样好吃的鸡翅，以后再也不用惦记着外面的鸡翅了。

15min | **简单**
烹饪时间 / 难易程度
（不含腌制时间）

腌制鸡翅前需要把鸡翅正反面各划 2 刀，方便腌制时入味。鸡翅腌制时需要放入冰箱，防止时间久了变质。可以晚上把鸡翅腌好，腌制过夜，省时间还入味。

♣ 主料

鸡中翅	8 个

调料

新奥尔良烤翅调料	30 克
植物油	1 茶匙

🌿 做法

1. 鸡中翅放在室温下解冻。
2. 用镊子清理干净鸡翅上的浮毛，清洗干净。
3. 将鸡翅正反面各切 2 刀，方便入味。
4. 鸡翅加入烤翅调料，抓捏均匀，盖保鲜膜放冰箱腌制 4 小时。
5. 平底锅烧热，加入油，把鸡翅平铺在锅里，中小火加热。
6. 将鸡翅一面煎成金黄色后，翻面，至两面都煎成金黄色即可出锅。

营养贴士 💬

鸡翅可能是最好吃的一个部分了，因为同时包含鸡肉和鸡皮，而鸡皮的脂肪含量很高，让整个鸡翅好吃不柴。但因为它脂肪含量高，需要减脂、血脂高的朋友需要酌情摄入。

巧妙心思

用锅代替烤箱，解决了没有烤箱的问题，而且操作简单。

香菇蒸鸡腿

蒸出来的好滋味

蒸菜绝对适合想"偷懒"，又想吃得好的人。香菇和鸡腿肉口感非常爽滑多汁，而且都是非常鲜美的食材。

巧妙心思

香菇和鸡腿搭配，鲜上加鲜，加一点老干妈辣椒酱蒸熟，简单，好吃。

35min 烹饪时间 | **简单** 难易程度
（不含泡发时间）

♣ 主料

鸡腿	1个
鲜香菇	50克
干香菇	15克

辅料

姜	10克
香葱	4棵
淀粉	1茶匙

调料

| 老干妈辣椒酱 | 2茶匙 |
| 盐 | 1/2茶匙 |

🍂 烹饪秘籍

1. 干香菇经过干燥，比鲜香菇多一种特殊的香味。而鲜香菇口感多汁细滑，两者搭配在一起会使成菜的口感和风味都更好。

---

2. 加一点淀粉会让蒸好的鸡肉色泽透明，口感爽滑，但是注意不要加太多，否则口感会变黏。

营养贴士 💬

维生素 D 在食物中含量较少，人体获取维生素 D 的最好方法是晒太阳。而干香菇在晒制的过程中，能产生一定量的维生素 D。维生素 D 是钙的好朋友，可以促进钙的吸收。

🌿 做法

1. 干香菇清洗干净，用温水泡发约20分钟至柔软的状态。

2. 鸡腿洗净，用镊子去掉浮毛，剁成小块。

3. 鲜香菇清洗干净，沥干，与干香菇一起均切成4块。

4. 香葱洗净，葱白和葱叶子分别切成小圈。

5. 姜去皮洗净，切成姜丝。

6. 鸡腿块、老干妈辣椒酱、淀粉混在一起，抓揉均匀。

7. 加入干香菇、鲜香菇、葱白圈和姜丝拌匀。

8. 蒸锅加适量水，放入鸡肉中大火蒸20分钟，加入适量盐，撒入葱叶圈即可食用。

蛤蜊蒸蛋

居家必备的菜

形容一种东西普遍适用，都会说是居家必备之单品。这个蒸蛋绝对是居家必备之菜。年长的老人，年幼的宝宝，往往会因为牙口不好，需要单独制备一些菜品。而这就是道老少皆宜的菜。

20min 烹饪时间 ｜ **简单** 难易程度

（不含浸泡时间）

♣ 主料

| 鸡蛋 | 2 个 |
| 蛤蜊 | 10 个 |

辅料

| 香葱 | 2 棵 |

调料

| 生抽 | 1 茶匙 |
| 芝麻油 | 1 茶匙 |

🍳 烹饪秘籍 🥄

蒸蛋要细腻光滑才完美。秘籍就是以下两点:

- - - - - - - - - - - - - - - - - - - -

1. 打散的鸡蛋液一定要过滤一下，去除没有打散的部分和表面的小泡泡。

- - - - - - - - - - - - - - - - - - - -

2. 蛋液上要盖一层保鲜膜，可以防止蒸锅上的水滴落在蛋液上，使表面不平整。

营养贴士 💬

鸡蛋和蛤蜊都是脂肪含量低、优质蛋白质含量高的食材，搭配在一起可以很好地补充蛋白质。鸡蛋含丰富的卵磷脂，可以促进大脑的发育。

🌿 做法

1. 蛤蜊清洗干净，用淡盐水浸泡 2 小时，吐净泥沙。

2. 锅里加入 160 克水，放入蛤蜊，煮至蛤蜊刚刚张开口。

3. 把蛤蜊取出，汤静止冷却沉淀后，轻轻把汤倒出，去掉汤底部的沉渣。

4. 鸡蛋打入碗中，加入蛤蜊汤，用筷子搅打散，至蛋液分布均匀。

5. 过滤蛋液，去除没打散的部分和表面的小泡泡。

6. 蛋液中摆入蛤蜊，盖上保鲜膜。

7. 蒸锅加适量水，烧开后放入蛋液，中大火蒸 10 分钟。

8. 香葱洗净切成圈，撒在蒸蛋表面，倒入生抽和芝麻油即可食用。

清蒸草鱼段

简单易操作

简单又好吃，非你莫属了。草鱼段肉质厚，没有小刺，适合大部分人食用。只需要加一点蒸鱼豉油，简单装饰，保持原汁原味，就显得清新脱俗、与众不同。

25min 烹饪时间 | **简单** 难易程度

主料

草鱼中段　　　150 克

辅料

大葱	40 克
姜	20 克

调料

红朝天椒	3 个
料酒	1 茶匙
蒸鱼豉油	2 茶匙
植物油	2 茶匙

烹饪秘籍

1. 把草鱼中段劈成两半蒸，肉薄容易入味，而且容易熟，鱼肉不会变老。

------

2. 姜丝和葱丝要切得足够细，摆在鱼身上才好看。

------

3. 草鱼也可以换成其他鱼类，如黄花鱼、带鱼等。

营养贴士

草鱼肉质鲜美，富含优质蛋白质。食草性的鱼，处于食物链的底端，一些有害的重金属含量比肉食性的鱼要少。对于孕妇、婴幼儿而言，建议优先选择食草性的鱼。

做法

1. 草鱼中段从中间劈开，取其中的一半，洗净沥干。
2. 大葱去皮洗净，切成长约 5 厘米的葱丝。
3. 姜去皮洗净，切成细的姜丝。
4. 红朝天椒洗净，切成小圈。
5. 取一半的葱丝和姜丝放在盘子底部，放上草鱼段，加入料酒。
6. 蒸锅加入适量水，水开后放入鱼段大火蒸 8 分钟。
7. 取出，倒掉盘子里的水，在鱼上面摆上剩下的姜丝、葱丝和红朝天椒圈。
8. 锅烧热，加入植物油烧至八成热，浇在鱼身上，加入蒸鱼豉油即可食用。

清蒸海鲜

最自然的吃法

海鲜没有想象中难做，清蒸是海边人最正宗的做法，超级简单。新鲜的海鲜，洗干净，清蒸一下就可以。没有任何的调味料，吃的就是海鲜原始的味道，感觉大海的气息扑面而来。

30min　简单

烹饪时间　难易程度

扇贝　　　　200 克
海虹　　　　200 克
琵琶虾　　　200 克
梭子蟹　　　　2 个

调料

米醋　　　　2 茶匙
姜　　　　　10 克

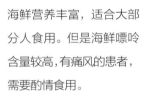

烹饪秘籍

所有的海鲜一定要选活的。琵琶虾和梭子蟹可以灵活爬动；海虹和扇贝无异味，外壳紧闭，肉质饱满。

🍃 做法

1. 姜去皮洗净，剁成姜末，放在米醋里面。
2. 将扇贝外壳用刷子刷干净，整个冲洗干净。
3. 将海虹外壳用刷子刷干净，整个冲洗干净。
4. 琵琶虾清洗干净。
5. 梭子蟹用刷子刷干净，冲洗干净。
6. 将所有海鲜沥干水，摆在盘子里，放入蒸锅，水烧开后蒸 8 分钟出锅食用即可。

营养贴士 💬

海鲜营养丰富，适合大部分人食用。但是海鲜嘌呤含量较高，有痛风的患者，需要酌情食用。

巧妙心思

海鲜其实不难做，蒸一下既快又新鲜。

浇油蒜蓉鱼

做法简单味道好

第一次吃到这道菜时，有点惊艳。原来不需要很复杂的步骤，鱼就可以做得这么好吃，改变了我对鱼的印象。鱼肉和蒜香混合，形成很不错的味道。

25min
烹饪时间

简单
难易程度

♣ 主料

鲫鱼1条（约450克）

辅料		调料	
大蒜	1头	红辣椒	2个
姜	20克	料酒	1茶匙
大葱	40克	蒸鱼豉油	1茶匙
		植物油	1汤匙

🍃 做法

1. 鲫鱼去掉头部的鱼鳃、腹部的内脏、肚子里的黑膜，清洗干净。

2. 鱼正反面各划2刀，方便入味。

3. 大蒜去皮洗净，切碎。

4. 姜去皮洗净，切成厚约1毫米的片。

5. 大葱去皮洗净，切成长约5厘米的丝。红辣椒洗净，切成细丝。

6. 把姜片和一半葱丝放在鱼肚子里，加入料酒和蒸鱼豉油。

7. 蒸锅内加入适量水烧开，放入鱼蒸10分钟。

8. 将大蒜碎、辣椒丝和剩下的葱丝放在鱼身上。锅烧热后加入油，烧至八成热，浇在鱼身上后食用。

🔔 烹饪秘籍 🍃

1. 鱼建议选0.5千克左右重的，适合一家人吃。鱼太小了肉薄刺多，不方便食用。

- - - - - - - - - - - - - - - -

2. 淡水鱼的鱼腥味比较重，可以通过加姜、葱、料酒来去腥味。

营养贴士 💬

鲫鱼肉质细嫩，营养价值很高。每百克肉含蛋白质17克，脂肪只有2.7克。鲫鱼肉含有丰富的钙、磷、铁等物质，适合大部分人食用。

番茄炖鲅鱼

海边的家常菜

鲅鱼是海边最常见的一种鱼，肉质紧致，鱼刺很少，经济实惠。用番茄搭配鲅鱼，可以去腥，而且经过长时间的炖煮，浓浓的番茄酱汁包裹在鱼肉外面，别有一番滋味。

35min 烹饪时间　**简单** 难易程度

巧妙心思

海鱼里鲅鱼的刺非常少，和番茄炖在一起，吃的时候不用担心刺多需要挑刺的问题，简单方便，适合大部分人食用。

♣ 主料		辅料		调料	
鲅鱼	250 克	姜	10 克	干辣椒	2 个
番茄	300 克	葱	40 克	八角	1 个
				料酒	1 茶匙
				生抽	2 茶匙
				糖	1/2 茶匙
				番茄酱	2 茶匙
				植物油	2 茶匙

🍃 做法

1. 鲅鱼去掉鱼头、腹部的内脏和身上的鱼鳍，切成段，洗干净。

2. 番茄顶端划十字，放在沸水中煮半分钟。

3. 不烫手后去掉番茄皮。

4. 番茄切成小丁。

5. 姜和葱均去皮、洗净，切片。八角和干辣椒均洗净备用。

6. 锅烧热后，加入植物油、葱、姜、干辣椒和八角小火爆香 2 分钟。

7. 加入番茄丁和番茄酱炒出汁水，炒至番茄呈较细腻的状态。

8. 加入鲅鱼、生抽、糖、料酒和小半碗水，小火炖 20 分钟至水基本收干，出锅即可。

🍲 烹饪秘籍

1. 番茄需要去皮，否则炖好的鱼里会有好多番茄皮，影响口感。

- - - - - - - - - - - - - - - -

2. 鲅鱼应切成小段，方便入味。

- - - - - - - - - - - - - - - -

3. 加一点番茄酱可以让菜的风味更浓郁。

一锅乱炖

来自妈妈的味道

妈妈们都是最聪明的人，知道怎么用家常的食材做出简单好吃的料理。这道菜含有的食材种类非常多，做法虽简单，却是最朴实的妈妈的味道。

90min
烹饪时间

简单
难易程度

♣ 主料		辅料		调料	
猪大骨	300 克	姜	10 克	八角	1 个
白萝卜	50 克	大葱	40 克	干辣椒	5 个
海带结	50 克			豆瓣酱	2 茶匙
黄豆芽	50 克			生抽	2 茶匙
豆腐皮	50 克			老抽	1 茶匙
香菇	50 克			醋	1 茶匙
				盐	1 茶匙
				植物油	2 茶匙

做法

1. 猪大骨劈成大块，洗净，放入锅里。加水没过猪大骨，煮开后撇除表面的浮沫。

2. 猪大骨捞出，冲干净表面的浮沫，备用。

3. 白萝卜洗净，切成粗约 1 厘米的条状。香菇洗净，每一朵切成 4 块。

4. 豆腐皮洗净，切成宽约半厘米的条。海带结和黄豆芽均洗净备用。

5. 姜和大葱均去皮洗净，切成厚约 1 毫米的片。八角和干辣椒均洗净，备用。

6. 锅烧热后，加入植物油、姜、大葱、干辣椒和八角，小火爆香 2 分钟。

7. 加入猪大骨翻炒片刻，再加豆瓣酱、生抽、老抽、醋和适量水，大火煮开后转小火慢炖 40 分钟。

8. 加入白萝卜、豆腐皮和香菇炖 10 分钟，再加入海带结、黄豆芽煮 10 分钟，加入适量盐即可出锅。

烹饪秘籍

1. 猪大骨要先单独熬煮 40 分钟，熬出鲜美的汤汁，再加入其他的菜一起炖。

2. 先加比较耐煮的萝卜、豆腐皮和香菇，再加海带和黄豆芽，防止炖得时间太久，其他的菜烂掉。也可以加自己喜欢的其他食材，但是需要选择耐煮的，绿叶蔬菜不适合长时间炖煮。

东坡一品鸡腿

睡觉也可以做菜

利用电饭煲的预约功能，完全解放双手，美美地睡一觉，醒来就可以大快朵颐了。这样的好事情，想想都开心。

15min 烹饪时间 | **简单** 难易程度
（不含机器煮制时间）

辅料

姜　　　　　10 克

调料

八角	1 个
香叶	1 片
桂皮	5 克
小茴香	6 粒
干辣椒	4 个
生抽	2 茶匙
老抽	1 茶匙
盐	1 茶匙

🍲 烹饪秘籍

晚上将鸡腿放入电饭煲，选择煮粥功能，煮 4 个小时，然后保温 4 个小时，正好早上起来吃。时间设置可以根据自家的电饭煲调整，如果没有电饭煲，那就放在锅里小火炖，炖好后浸泡几个小时更入味。

🌿 做法

1. 鸡大腿用镊子去掉表面的浮毛，洗干净。
2. 姜去皮洗净，切成厚约 1 毫米的姜片。
3. 八角、香叶、桂皮、小茴香、干辣椒均洗净。
4. 鸡大腿和姜片、八角、香叶、桂皮、小茴香、干辣椒同放入电饭煲，加入生抽、老抽和适量盐，加水没过鸡腿，选预约煮粥键煮制即可。

营养贴士 💬

每百克鸡胸肉脂肪含量为 5 克，而每百克鸡腿肉脂肪含量为 13 克。其实鸡腿的脂肪主要在鸡皮上，需要保持体重的人或者健身人士可以选择去掉鸡皮吃，减少脂肪摄入。

巧妙
心思

利用电饭煲预约功能和晚上的时间烹制，睡醒了就可以吃到美味，超级省事。

猪蹄是很多人的大爱，筋头巴脑的，啃起来有嚼劲，但是做猪蹄复杂的步骤却让人望而生畏。而此菜借助一个电饭煲，按下开关，2小时后就可以吃到好吃的猪蹄了。真是太简单了。

20min 烹饪时间 | **简单** 难易程度

（不含机器煮制时间）

♣ **主料**

猪蹄	200 克
古方红糖	50 克

调料

盐	1/2 茶匙
香叶	1 片

🍲 **烹饪秘籍**

1. 猪蹄脂肪多，在煮的过程中会有好多油出来，不需要额外加油。

- - - - - - - - - - - -

2. 先把含脂肪多的猪皮面朝下煮，煮的过程中翻动几次，注意观察，防止水干了煳锅。

巧妙心思

利用电饭煲煲粥功能煮制，因为低温时间长，即使添加很少的水，也不怕煳锅，所以这样做可以得到软烂好吃的猪蹄。

简单好吃到没朋友

红糖猪蹄

🍃 **做法**

1. 用镊子去掉猪蹄上的浮毛，剁成小块，凉水入锅，将水煮沸后继续煮2分钟，去掉表面的浮沫。
2. 捞出猪蹄，洗净表面的浮沫，控干备用。
3. 古方红糖块压成碎末，香叶洗净。
4. 猪皮面朝下放入电饭煲，加入红糖、香叶、盐和4茶匙水，按煮粥键煮2小时后即可出锅。

水煮河虾

想吃鲜美的河虾，一定不能错过这道菜。它是最原汁原味的做法，做法简单到惊掉下巴，只需要煮一下就可以搞定。只要你有锅、有虾，就一定能做出这道美味料理。

15min 烹饪时间　／　**简单** 难易程度

♣ **主料**

河虾	250 克

辅料

姜	10 克
香葱	4 棵

调料

料酒、盐	各适量

做法

1. 新鲜的河虾去掉虾须和虾枪，用清水冲洗干净，控干。
2. 姜去皮洗净，切成厚约 1 毫米的片。香葱洗净，挽成葱结。
3. 锅里加入姜片和能没过虾的水，煮开后倒入河虾。
4. 水再次煮开后，继续煮 2 分钟，去掉表面的浮沫，加入料酒、香葱结和适量盐即可出锅。

烹饪秘籍

1. 虾不要煮太久，大火烧开后，再煮两分钟就可以了，时间久了虾肉容易变老。

----

2. 不需要添加任何其他调料，保持虾的原汁原味就好。

营养贴士

虾含有大量的优质蛋白质，丰富的钙、镁、钾等物质。虾含有的一种叫虾青素的物质，具有极强的抗氧化作用。

土豆鸡块

儿时的味道

小时候吃过最怀念的味道就是土豆炖鸡架。土豆炖烂，有沙沙的口感。鸡骨头上肉不多，但是啃起来有滋有味。炖一锅，只吃一盘土豆和鸡块，就是一顿饭，主食都省了。

35min
烹饪时间

简单
难易程度

巧妙心思

微辣的鸡肉搭配软糯的土豆，一锅搞定菜和饭。

♣ 主料

童子鸡	200 克
土豆	200 克

辅料

姜	10 克
大葱	40 克

调料

八角	1 个
干辣椒	4 个
生抽	1 茶匙
老抽	1/2 茶匙
糖	1/2 茶匙
鸡精	2 克
盐	1 茶匙
植物油	1 汤匙

🌿 做法

1. 童子鸡清洗干净，剁成块。

2. 土豆去皮洗净，切成滚刀块。

3. 大葱、姜均去皮洗净，切成厚约 1 毫米的片。

4. 八角和干辣椒均洗净，沥干备用。

5. 锅烧热后，加入植物油、姜片、葱片、八角和干辣椒，小火爆香 2 分钟。

6. 加入鸡块，中火翻炒至鸡肉紧缩，表面微微上色。

7. 加入生抽、老抽、糖和土豆翻炒均匀，加约半碗水，至食材一半高度。

8. 大火煮开后，小火煮 20 分钟至汤汁基本收干，加入盐和适量鸡精即可出锅。

营养贴士

童子鸡适合短时间爆炒和炖煮。土豆淀粉含量多，而且维生素 C 含量较高，淀粉可以保护其中的维生素 C 不被破坏。

🍳 烹饪秘籍

1. 最好选用肉质嫩、肉又不是特别多的童子鸡，容易熟，带点骨头吃起来才有感觉。

2. 一定要小火煮至土豆完全熟烂，有一点点土豆泥化在汤汁里最好。

鲇鱼炖茄子

传统的家常菜

有一句话叫"鲇鱼炖茄子，撑着老爷子"，就是形容鲇鱼炖茄子这道菜的美味。鲇鱼本身的脂肪含量较高，肉质鲜美，而茄子喜油水，二者搭配在一起，鲇鱼肥而不腻，茄子吸收了鲇鱼的精华，起到互相补充的作用。

30min
烹饪时间

简单
难易程度

鲇鱼	250 克				
紫皮茄子	200 克				

辅料

姜	10 克
大葱	40 克
香菜	4 棵

调料

干辣椒	4 个
料酒	1 茶匙
豆瓣酱	1 茶匙
糖	1/2 茶匙
盐	1 茶匙
植物油	1 汤匙
醋	适量

🍲 烹饪秘籍

1. 鲇鱼身体表面有一层黏液，清洗时可以加一点盐和醋，可有效去除黏液。

----

2. 要选紫色皮的细长的茄子，味道好，营养素含量高。

🌿 做法

1. 鲇鱼去掉鳃、内脏，加少许盐和醋把表皮的黏液清洗干净，切成块。

2. 茄子洗净，切成滚刀块。

3. 大葱、姜均去皮洗净，切成厚约 1 毫米的片。

4. 干辣椒洗净，切小圈。

5. 香菜去掉根部，切成长约 5 厘米的段。

6. 锅烧热，加入植物油、葱片、姜片、干辣椒圈，小火爆香 2 分钟。

7. 加入鲇鱼、茄子、料酒、豆瓣酱和糖，加水至约没过食材一半。

8. 大火煮开后转小火慢炖 15 分钟，加入盐和香菜即可出锅。

💬 营养贴士

茄子中含有丰富的维生素 P。维生素 P 有强大的抗氧化能力，能增强毛细血管的弹性，有助于预防高血压等慢性疾病。但是维生素 P 主要存在于在紫色的茄子皮里面，所以吃茄子不要扔掉茄子皮哦。

快手豆腐花

简 单 至 极 的 料 理

懒懒的早上，起床后只要5分钟，就有一碗豆腐花摆在面前，是不是超级惬意？利用一盒内脂豆腐，做这一碗细滑的豆花，绝对是最简单的豆腐花做法。

15min
烹饪时间

简单
难易程度

♣ **主料**

内酯豆腐　　　　1盒

辅料

虾皮	10克
紫菜	2克
香菜	2棵

调料

| 生抽 | 1茶匙 |
| 芝麻油 | 1茶匙 |

🍲 **烹饪秘籍**

1. 内酯豆腐不要用刀切，最好用勺子片成大薄片放入锅里，更像豆花。

- - - - - - - - - - - - - - - - - - - -

2. 水烧开后就可以关火了，防止加热时间久了豆腐碎掉。

🌱 **做法**

1. 紫菜撕碎，冲洗干净，沥干。虾皮冲洗干净。

2. 香菜去根洗净，切成长约3厘米的段。

3. 锅里加入半碗水，内酯豆腐用勺子挖成大块加入锅里，烧开。

4. 倒入碗中，加入虾皮、紫菜、生抽和芝麻油，撒上香菜段即可食用。

💬 **营养贴士**

因内酯豆腐含水量高，所以非常嫩。与传统的北豆腐和南豆腐相比，蛋白质含量和钙含量都会低很多。小虾皮钙含量很丰富，吃豆花时加点小虾皮，可以增加钙的摄入量。

巧妙心思

内酯豆腐和豆花原料都一样，不过是水分比豆花少一点。用内酯豆腐做一份豆花，快速且没有违和感。

腐竹烧香菇

与肉相媲美

腐竹和香菇都属于口感非常柔软的食材，味道也很鲜美。二者混在一起，只需经过简单的烹调，就能呈现出与肉相媲美的好味道。

35min 烹饪时间 **简单** 难易程度
（不含泡发时间）

主料

干腐竹	50 克
干香菇	8 个

辅料

葱白	10 克
香葱	4 棵
大蒜	6 瓣
姜	10 克

调料

八角	1 个
生抽	2 茶匙
老抽	1 茶匙
盐	1/2 茶匙
植物油	2 茶匙
糖	适量

烹饪秘籍

1. 干腐竹和干香菇需要泡发至没有硬块才可以使用，做出的菜口感柔软细滑。为了节省时间，可以用温水泡发。

2. 泡发干香菇的水去掉杂质，可以加入锅里。

营养贴士

腐竹的蛋白质、不饱和脂肪酸和大豆磷脂的含量比豆腐的要高很多。市售的腐竹品质参差不齐，很多商家会添加淀粉等以降低成本。建议选择正规品牌的腐竹。

🍃做法

1. 干腐竹洗净，放在清水里泡发30分钟，至没有硬块。

2. 干香菇洗净，放在温水里泡发30分钟，至柔软。

3. 泡好的腐竹沥干，切成长约4厘米的段。香菇沥干，每个切成4块。

4. 姜去皮，与葱白均切成厚约1毫米的片。香葱洗净，切成小圈。

5. 大蒜去皮洗净，备用。八角洗净，沥干备用。

6. 锅烧热，加入植物油、葱白片、姜片、蒜瓣、八角，小火爆香约2分钟。

7. 加入腐竹、香菇、生抽、老抽和糖，翻拌均匀。

8. 加水没过食材，大火煮开后小火慢炖20分钟，至汤汁基本收干，加入盐调味，撒入香葱圈即可。

第三章

颜值
巧漂亮

创造美是人生必修的功课。用心对待生活，必会领略到生活之美妙。在好吃的基础上，花一点巧心思为菜肴塑造完美的造型，将是锦上添花。在餐桌上，看到如此精美的料理，必会赞扬烹饪者是一个认真生活又精致的人。

手风琴黄瓜

黄瓜也有春天

黄瓜是非常适合"懒人"食用的食材，生吃、熟吃都可以。普通的黄瓜经过简单的加工，马上变得"高大上"。再搭配上浓香四溢的红肠，像不像会唱歌的手风琴？

15min **简单**
烹饪时间 难易程度

巧妙心思

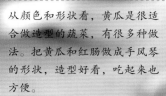

从颜色和形状看，黄瓜是很适合做造型的蔬菜，有很多种做法。把黄瓜和红肠做成手风琴的形状，造型好看，吃起来也方便。

1. 选择黄瓜时尽量选粗细均匀、长的、直的，比较容易做造型。

2. 切黄瓜时在黄瓜的两边各垫一根筷子，可以防止黄瓜被切断。

3. 黄瓜尽量切成1毫米左右的薄片，方便入味，还可以让"手风琴"有更多的层次。

营养贴士

选择红肠有很多的讲究。红肠属于深加工食品。为了让它色香味俱全，制作者会添加比较多的添加剂。可以看一下配料表，选择含肉多、添加剂少的。建议选择正规品牌的产品，不要买无品牌产品。

♣ 主料

红肠	100克	
黄瓜	1根	

辅料

大蒜	5瓣

调料

醋	1茶匙
盐	1克
生抽	1茶匙
芝麻油	1茶匙

🍃 做法

1. 大蒜去皮洗净，用压蒜器压成蒜泥，放入小碗中。
2. 把醋、盐、生抽和芝麻油放入盛蒜泥的小碗中，搅拌均匀。
3. 红肠切成厚约1毫米的薄片。
4. 红肠片从中间对半切开。
5. 黄瓜两边各放一根筷子，从上往下切到筷子即可。不要把黄瓜切断，切成厚约1毫米、相连的薄片。
6. 切好的黄瓜每隔10片切断，切成小段。
7. 把红肠一片片地放在黄瓜片之间。
8. 把调好的蒜泥汁均匀地倒在黄瓜红肠上即可食用。

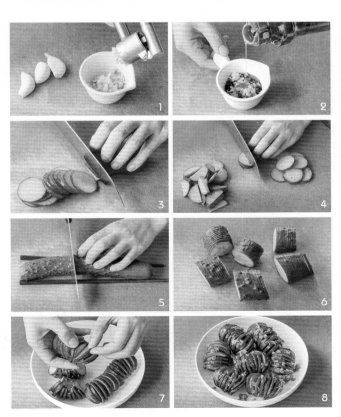

彩椒白菜海蜇盏

餐桌上的小清新

彩椒、白菜和海蜇都是口感爽脆的菜，可直接食用。用这些食材做这道菜能省去很多的加工和烹饪环节。此菜特别适合做开胃菜或佳节过后的刮油菜。无论何时，这道菜都是餐桌上的小清新。

不同颜色的彩椒本身就很美。利用它们天然的形状来制作盛器，更是为菜品增色不少。

20min | 简单
烹饪时间 | 难易程度
（不含浸泡时间）

♣ **主料**

白菜心	100 克
红彩椒	40 克
黄彩椒	40 克
青椒	40 克
海蜇	100 克

辅料

大蒜	5 瓣

调料

醋	1 汤匙
生抽	2 茶匙
芝麻油	1 茶匙

 做法

1. 海蜇放到盆里，加清水至没过海蜇，浸泡 1 小时。

2. 泡好的海蜇用清水洗净，切成细丝。

3. 大蒜剥皮，洗净蒜瓣，用压蒜器压成蒜泥。

4. 醋、生抽、芝麻油倒入小碗里，加入蒜泥混合均匀。

5. 两种彩椒和青椒均洗净，横切两刀，分成三段。底部的段略大，形成一个盏。

6. 白菜心洗净，和彩椒、青椒中间的一段同切成细丝。

7. 把彩椒丝、青椒丝、白菜丝和海蜇丝混合，加入蒜泥汁，搅拌均匀。

8. 盛入盏中即可食用。

营养贴士 💬

《中国居民膳食指南》建议每人每天摄入 6 克盐，摄入过多的盐容易引起高血压。已经患有高血压的朋友更要注意控制一日三餐中盐的摄入量。因海蜇中已经含有盐，所以这道菜可以不添加盐，靠海蜇和一点生抽来提味即可。

烹饪秘籍

1. 制作此菜要选择白菜心，嫩而且叶子部分多，成菜口感好。

2. 市售的海蜇大多是盐浸的，含盐量很高。泡时需要多换几次水去掉盐，防止太咸。泡好的海蜇可以尝一下，基本没有咸味就可以了。

杂蔬鲜虾卷

只想对你比心

制作鲜虾卷直接用市售的春卷皮，做起来特别方便。此菜不仅有漂亮的外表，也有丰富的营养，适合在家里吃，也适合作外带便当。合理的营养搭配，保证让每一个吃过的人都会爱上它。

利用春卷皮薄如蝉翼的特点，包裹五颜六色的食材，让人在视觉上感到美不胜收。

巧妙心思

15min   简单

烹饪时间   难易程度

♣ 主料

越南春卷皮	6 张
鲜虾仁	12 个

辅料

黄瓜	100 克
紫甘蓝	50 克
豆腐皮	50 克
甜菜根	50 克

调料

梅子酱	10 克

烹饪秘籍

1. 鲜虾卷里面的蔬菜可以按照自己的喜好搭配。最好选择不同颜色的蔬菜，不但好看，而且营养更均衡。

2. 虾仁如果有虾线，需要去掉。也可以换成鸡胸肉等富含蛋白质的食材。

3. 巧用小模具，可以压出各种可爱的形状。

4. 春卷皮用一张泡一张，从水中取出尽快使用。

🍃 做法

1. 甜菜根洗净，切成厚约 2 毫米的薄片，放入开水中煮 2 分钟，捞出过凉水备用。

2. 豆腐皮切成细丝，放入开水中煮 30 秒，捞出过凉水备用。

3. 鲜虾仁放入开水中煮 1 分钟，捞出备用。

4. 黄瓜切片。取适量的黄瓜片、紫甘蓝和甜菜根片用模具压出爱心的形状，剩下的切成细丝。

5. 取一张春卷皮，放入约 60℃水中浸泡 5 秒钟，取出平铺在盘子上。

6. 春卷皮一端放上适量黄瓜丝、紫甘蓝丝、豆腐皮丝和甜菜根丝，卷一圈。

7. 再放上虾仁或者爱心形状的食材。

8. 两端对折，卷成卷，蘸梅子酱食用。

柠檬鸡肉沙拉

颜值美味兼备

柠檬具有天然清新的酸味，又富含维生素 C，用在凉拌菜里可以增加营养，而且连醋都节省了。柠檬搭配低脂的鸡胸肉和多种新鲜的蔬菜，吃起来每一口都有清爽的感觉。

15min
烹饪时间

简单
难易程度

主料

鸡胸肉	100 克

辅料

柠檬	1/2 个
红皱生菜	30 克
芝麻菜	30 克
小水萝卜	30 克
生姜	10 克

调料

沙拉汁	2 茶匙
料酒	1 茶匙

烹饪秘籍

煮鸡胸肉时加入一些料酒和生姜，可以去除鸡肉的腥味。鸡胸肉因为脂肪含量很低，煮久了容易变老，口感很柴，所以煮的火候很关键。可以根据鸡胸肉切块的大小，适当调整煮制的时间。

营养贴士

沙拉汁种类很多，脂肪含量也不同。可以看一下包装上的配料表，选择脂肪含量低的。一般稠度越高，脂肪含量越高；很稀的沙拉汁脂肪含量会相对低，好多还是零脂肪的。

做法

1. 鸡胸肉洗净，切成约 2 厘米见方的块。
2. 生姜去皮，洗净后切成细丝。
3. 锅里放适量水，加入料酒和姜丝。
4. 水烧开后，放入鸡胸肉，煮约 2 分钟。
5. 鸡胸肉捞出，过凉水备用。
6. 柠檬洗净，切成厚约 2 毫米的薄片。
7. 小水萝卜洗净，切成厚约 1 毫米的薄片。红皱生菜和芝麻菜均洗净，分别用手撕成片。
8. 所有食材混合在一起，加入沙拉汁拌匀即可。

泡椒双色藕片

就是要这么美

餐桌上鲜艳的颜色会让人更加有食欲。利用厨房里常见的醋和紫甘蓝，让普通的藕来个颜色大变身，瞬间出彩一万倍。

20min
烹饪时间

简单
难易程度

巧妙心思

运用一个小技巧，把天然食物的颜色用到料理中，好看又好吃

主料

藕	250 克

辅料

紫甘蓝	200 克
泡椒	10 个
朝天椒	6 个

调料

醋	1 茶匙
盐	4 克
糖	1/2 茶匙

烹饪秘籍

1. 紫甘蓝浆越浓，藕上色越快，颜色越深。制作紫甘蓝浆时应尽量少加水，以保证浓度。

----

2. 藕有七孔藕和九孔藕两种。七孔的比较糯，适合煲汤；九孔的偏脆，适合凉拌、做炒菜。

----

3. 莲藕削皮后很容易变黑。如果切好的藕片不马上吃，可以放入水中，防止变色。

营养贴士

五颜六色的蔬菜含有丰富的花青素。花青素有很强的抗氧化能力，摄入它可以增强人体的抵抗力。

做法

1. 藕去皮洗净，切成厚约 1 毫米的薄片。
2. 将藕片放入开水中，煮约 1 分钟。
3. 捞出藕片，冲凉水冷却备用。
4. 紫甘蓝洗净，撕成小块放入料理机，加200毫升水打成浆。
5. 紫甘蓝汁平均分成两份。一份加入醋，紫色变成粉红色；一份不加醋，保持紫色。
6. 朝天椒切成圈，和藕、盐、泡椒、糖均分成两份，分别放入紫色和粉色的汁中。
7. 装入保鲜盒密封，放入冰箱过夜。
8. 把紫色和粉色藕片捞出，摆盘食用。

油醋汁彩虹沙拉

让心情更好

合理的饮食一定离不开五颜六色的蔬菜。把不同色彩的食物搭配在一起，成品犹如一道彩虹。吃到这样的菜，心情也会变得更好。

自然界五颜六色的天然食物搭配到一起，除了赏心悦目，营养和风味也很赞。

20min　简单
烹饪时间／难易程度
（不含泡发时间）

鸡胸肉	100 克
胡萝卜	50 克
干黑木耳	5 克
玉米粒	50 克
羽衣甘蓝	50 克
紫甘蓝	50 克

辅料

生姜	2 片

调料

橄榄油	2 茶匙
醋	2 茶匙
生抽	2 茶匙
料酒	1 茶匙

🌿 做法

1. 干黑木耳清洗干净，放在温水中泡发约 15 分钟。

2. 鸡胸肉洗净，切成约 2 厘米见方的丁。

3. 锅里加入能没过鸡胸肉的水，加入料酒和姜片，煮开后放入鸡胸肉，煮 2 分钟。

4. 捞出沥干，备用。

5. 泡发好的黑木耳去掉根部，放入沸水中焯 30 秒。

6. 橄榄油、醋和生抽放在小碗中，混合均匀成油醋汁。

7. 胡萝卜、紫甘蓝均洗净，和黑木耳同切成细丝，羽衣甘蓝洗净，撕成小碎片。

8. 鸡胸肉丁、胡萝卜丝、黑木耳、玉米粒、羽衣甘蓝片和紫甘蓝丝依次摆放，倒入油醋汁即可食用。

🌿 烹饪秘籍

1. 制作沙拉的蔬菜需要选购可以直接生吃的。尽量选择有机的或者来源放心的，避免农药残留超标等问题。

---

2. 油醋汁的比例大家可以根据喜好随意搭配。

💬 营养贴士

一般深颜色的蔬菜含有的营养物质比浅颜色的要丰富，要尽量保证深颜色的蔬菜占到每天摄入蔬菜总量的一半以上。

虾仁酱黄瓜

荤素搭配的美味

自己制作酱黄瓜非常简单，口味咸淡适宜，更健康。虾仁的甘甜，搭配酱黄瓜的脆爽，用心做个造型，这道菜绝对能成为餐桌上的一道亮丽风景线。

15min | 简单
烹饪时间 | 难易程度

主料		
盐田虾仁	100 克	
黄瓜	200 克	

辅料	
大蒜	1 头
姜	10 克

调料	
酱油	2 茶匙
糖	1 茶匙
植物油	2 茶匙
辣椒面	1/2 茶匙
盐	1 茶匙

烹饪秘籍

1. 爆香辣椒面时一定要小火加热，不停地搅拌，否则很容易糊。为了防止糊，也可以把烧热的油倒入辣椒面中，一次多做一些，方便使用。

2. 虾仁也可以直接卷入黄瓜卷中食用。

营养贴士

虾仁脂肪含量很低，优质蛋白质含量丰富，而且蛋白质非常细腻，容易消化吸收，老人、小孩都可以食用。搭配黄瓜还可以增加维生素 C 和膳食纤维的摄入，营养素互补。

做法

1. 黄瓜洗净，用削皮器刮成厚约 1 毫米的薄片，放入保鲜盒中。

2. 大蒜剥皮洗净，姜去皮洗干净，分别切成厚约 1 毫米的片。

3. 锅里放入油和辣椒面小火爆香。

4. 加入 200 毫升水、蒜片、姜片、酱油、盐和糖，煮开。

5. 倒入黄瓜片中，放入冰箱过夜。

6. 取出黄瓜片卷成卷，摆入盘中。

7. 水烧开，放入盐田虾仁煮 1 分钟。

8. 沥干盐田虾仁表面的水，摆在黄瓜卷上面即可食用。

彩色凉粉

吃一口透心凉

炎热的夏天，没有什么比一份凉粉更能抚慰人心的了。利用天然的食物颜色，给凉粉添加了一些色彩。能吃到这样一份彩色凉粉，整个人瞬间凉快起来。

20min 简单
烹饪时间 / 难易程度

巧妙心思

避免颜色单一，用天然食材的颜色做出多彩的食物。

主料		辅料		调料	
绿豆淀粉	60 克	菠菜	20 克	醋	2 茶匙
		胡萝卜	20 克	生抽	1 茶匙
		麻辣花生	10 克	红油	1 茶匙
				盐	1/2 茶匙

 做法

1. 菠菜和胡萝卜均洗净，分别加入 120 毫升水，用料理机打成浆。

2. 分别过滤打好的浆，取绿色的菠菜汁和橙色的胡萝卜汁备用。

3. 绿豆淀粉平均分成三份，一份加入菠菜汁，一份加入胡萝卜汁，另外一份加入 120 毫升水。

4. 分别用筷子搅拌至没有颗粒的状态，调成绿色、橙色和白色淀粉浆。

5. 淀粉浆分别倒入锅中，边搅拌边小火加热，至呈黏稠的透明状，有大气泡冒出。

6. 将加热好的三种淀粉浆分别倒入盒子里，冷却。

7. 取出三种颜色的凉粉，分别切成条状，放入盘中。

8. 加入醋、生抽、红油、麻辣花生、盐拌匀后食用。

烹饪秘籍

可以在菜里面加入黄瓜丝、洋葱等蔬菜，搭配凉粉一起食用，既清新可口，又有益健康。

营养贴士

凉粉的主要成分是淀粉。它可以当作主食食用，代替部分主食。淀粉非常容易消化吸收，很容易引起人体内血糖值波动，不适合糖尿病人食用。需要减脂控制体重的人，也要减少纯淀粉食物的摄入。

繁花似锦

无与伦比的美丽造型

萝卜片和黄瓜片做成花朵的造型，红绿相间，给自家的餐桌打造了一个美丽的花园。其实制作超级简单，只需要利用一个旋转花刀工具，1分钟内就可以搞定所有的花。

15min | 简单
烹饪时间 | 难易程度

主料

主料		调料	
水萝卜	150 克	醋	1 茶匙
黄瓜	150 克	盐	1/2 茶匙
		生抽	1/2 茶匙
		糖	1/2 茶匙
		芝麻油	1 茶匙

做法

1. 水萝卜洗净，用工具旋成片。
2. 黄瓜洗净，用工具旋成片。
3. 醋、盐、芝麻油、糖和生抽混合成酱汁。
4. 将萝卜片和黄瓜片摆成花状，倒入酱汁即可食用。

营养贴士

萝卜具有辛辣味，能促进胃肠道蠕动，增加食欲，帮助消化。胃口不好的朋友，可以吃点萝卜提胃口、助消化。

紫甘蓝窝蛋

美到没朋友

紫甘蓝的颜色很特别，是很靓丽的紫色，用它可以在很多的菜里面搭配提色。紫甘蓝加上一整个的鸡蛋，让外形更美观，荤素搭配也更合理。

15min
烹饪时间

简单
难易程度

营养贴士

紫甘蓝花青素的含量远高于卷心菜及其他蔬菜。花青素具有很强的抗氧化能力，还可以降低糖尿病和心血管疾病的发病风险。

巧妙心思

紫甘蓝炒鸡蛋绝对会把鸡蛋染成紫色。换个造型，清爽的颜色搭配在一起，更好看。

♣ 主料

紫甘蓝	100 克
鸡蛋	1 个

调料

现磨黑胡椒碎	1 茶匙
醋	2 克
盐	1/2 茶匙
植物油	1 茶匙

🌿 做法

1. 紫甘蓝叶片分开，洗净，沥干，切成长约 5 厘米的细丝。
2. 紫甘蓝丝里加入少许现磨黑胡椒碎、醋和盐，搅拌均匀。
3. 平底不粘锅烧热，加入油和紫甘蓝丝，中火翻炒约 2 分钟。
4. 紫甘蓝丝收成一个圆形，中间压一个坑。
5. 在坑里打入一个鸡蛋。
6. 锅里加入 2 茶匙水，盖锅盖小火煮至蛋表面刚刚凝固。撒一点现磨黑胡椒碎即可食用。

小葱海蛎子跑蛋

鲜上加鲜超厉害

海蛎子也叫牡蛎，味道鲜美，肉质嫩滑，品质好的可以直接生吃，最常见的是烧烤摊的烤牡蛎，而牡蛎搭配鸡蛋，更是鲜上加鲜。

15min
烹饪时间

简单
难易程度

主料

		调料	
海蛎子	8个	盐	1茶匙
鸡蛋	4个	料酒	1茶匙
		植物油	2茶匙

辅料

香葱	4棵

做法

1. 海蛎子用刀撬开，取海蛎子肉清洗干净。
2. 香葱洗净，切成葱末。
3. 鸡蛋打入碗中，加入适量盐，用筷子搅散备用。
4. 平底锅烧热后加入油，油热后加入海蛎子和料酒，翻炒约2分钟。
5. 海蛎子平铺在锅中，均匀地倒入鸡蛋液。
6. 撒入葱末，小火加热至蛋液凝固，出锅食用。

温泉蛋洋葱肥牛

吃完好想泡温泉

肥牛和洋葱已经是绝配，再加上一颗颜值高的温泉蛋，流淌的蛋黄混在肥牛中间，真的是好吃到爆。自己在家就能轻而易举地做出高级饭店的美味。

15min 烹饪时间　**简单** 难易程度

♣ 主料

主料		调料	
肥牛卷	100 克	番茄酱	1 茶匙
紫皮洋葱	100 克	黑胡椒碎	1/2 茶匙
无菌鸡蛋	1 个	盐	1/2 茶匙
		植物油	1 茶匙

做法

1. 肥牛卷室温解冻。解冻后用温水清洗一下，沥干备用。

2. 紫皮洋葱去皮洗净，切成细丝。

3. 平底不粘锅烧热，加入油和肥牛片，大火煸炒至肥牛卷出油。

4. 加入洋葱大火翻炒 1 分钟，再加入番茄酱、少许黑胡椒碎和适量盐炒均匀。

5. 把洋葱丝和肥牛卷归拢成一个中间凹的圆形，中间打入一个鸡蛋。

6. 锅里加入少量的水，盖盖子煮 3 分钟，至鸡蛋表面刚刚凝固。撒入少量黑胡椒碎，盛入盘中即可。

豇豆蛋比萨

长长圆圆

不拘一格的造型和搭配，是这道菜最大的亮点。煎好的豇豆饼可以切成三角形。有没有类似比萨？不仅造型独特，味道也很有特点。

利用豇豆细长的特点，盘成一个饼状，再加上鸡蛋和奶酪，一个伪比萨就诞生了，是不是很美？

15min 简单

♣ **主料**

豇豆	15 根
鸡蛋	3 个

辅料

马苏里拉奶酪	30 克
香葱	4 棵

调料

盐	1/2 茶匙
番茄酱	1 茶匙
植物油	2 茶匙

烹饪秘籍

1. 豇豆要选粗细均匀，嫩的。焯水的时间稍微久一点，否则豇豆太脆，在卷小圈的时候容易断。

2. 因为饼比较大，煎完一面再翻面，直接翻容易散，所以要借助一个大盘子。先把饼平移到盘子里，再把盘子倒扣在锅里，完成翻面。全程小火煎，防止煳。

营养贴士

豇豆含有丰富的维生素、矿物质和膳食纤维，和鸡蛋搭配，可以弥补蛋白质的不足。奶酪蛋白质和钙含量非常丰富，这道菜使用奶酪，可以增加钙的含量。

🌱 **做法**

1. 豇豆掐掉头、尾，洗净。放入开水中焯水 2 分钟。

2. 捞出，过凉水冷却后，沥干备用。

3. 鸡蛋液打入碗中，加入盐，用筷子搅打散。

4. 香葱洗净，切成小圈，放入蛋液中搅均匀。

5. 平底不粘锅烧热后，加入植物油，把豇豆一根根首尾相接盘成圆形，煎 2 分钟。

6. 均匀地倒入蛋液，小火煎至锅底蛋液凝固上色。

7. 把蛋饼平移到盘子里，再倒扣在锅里，翻面。

8. 上面刷上一层番茄酱，撒上适量的马苏里拉奶酪，煎至奶酪化开即可出锅。

如意福袋

吃了福寿延绵

肉丸子最家常不过了，但是只要加个简单的小步骤，就可以变成艳惊四座的节日菜。把调好的肉馅，包在千张皮里，再用韭菜扎起来，像不像一个小福袋？特别适合节日里的家庭聚餐。

30min
烹饪时间

简单
难易程度

巧妙心思

利用千张柔软的特点，把肉馅包成小福袋的样子特别讨喜。在喜庆的节日里做一盘，肯定大受欢迎。

猪腿肉	100 克
鲜香菇	50 克
熟玉米粒	30 克
干张	2 张

辅料

大葱	30 克
姜	10 克
韭菜	10 根

调料

料酒	1 茶匙
生抽	1 茶匙
老抽	1/2 茶匙
五香粉	1/2 茶匙
盐	4 克
植物油	2 茶匙

🌿 做法

1. 鲜香菇和猪腿肉均清洗干净，分别切成小丁。

2. 大葱和姜均去皮，分别切成碎末。

3. 猪肉丁、香菇丁、葱末和姜末放入料理机，搅拌至均匀、细腻。

4. 加入熟玉米粒、料酒、生抽、老抽、五香粉、盐和油，沿一个方向搅拌均匀，做成肉馅。

5. 韭菜洗净，放入开水中烫 1 分钟，捞出冲凉水冷却。

6. 干张用温水洗净，切成约 10 厘米长的方形。

7. 取适量肉馅放入干张中，用韭菜叶子扎口，包成一个小福袋。

8. 蒸锅加水烧开，放入福袋，大火蒸 10 分钟出锅即可。

🍃 烹饪秘籍

1. 老抽主要用来调颜色，适量添加一点，颜色合适即可。

2. 韭菜需要把握好烫制的时间，放入开水中刚变软即可，时间太久没有韧性容易断，时间不够脆性太大，也容易断。

营养贴士 💬

干张由大豆做成，浓缩了大豆中的精华，富含优质蛋白质和不饱和脂肪酸。香菇含有香菇多糖，可以增强抵抗力。玉米富含膳食纤维、叶黄素等营养素。综合搭配在一起，营养均衡，适合大部分人食用。

鲜虾糖果卷

卷 起 来 的 好 味 道

工作压力大，生活每天都很繁忙，我们经常忘记好好宠爱自己和家人。每个人都喜欢甜甜的糖果。增加简单的一点巧心思操作，用普通的食材变出一盘糖果，好好和家人享用吧。

甜甜的糖果没有人不喜欢，把菜做成糖果的样子，虽然麻烦了一点点，但是胜在心意。

20min
烹饪时间

简单
难易程度

基围虾　　　100 克
卷心菜　　　350 克

辅料

韭菜　　　　5 根
淀粉　　　　1/2 茶匙

调料

料酒　　　　1 茶匙
生抽　　　　1 茶匙
盐　　　　　1/2 茶匙
植物油　　　2 茶匙

烹饪秘籍

1. 卷心菜的头部主要是叶子，比较柔软，叶片比较大，可以作为糖果纸。生的卷心菜脆性大，需要在沸水中完全煮熟，变得柔软了才方便使用。

- - - - - - - - - - - - - - -

2. 叶子大小不一，尽量捡叶片大的，切成大小均匀的片，包好的糖果才好看。

- - - - - - - - - - - - - - -

3. 先把卷心菜根部切下，叶子可整片剥下。

🍃 做法

1. 基围虾去掉头和外壳，剥出虾仁。虾仁去掉身上的虾线，洗干净。

2. 虾仁剁成细腻的虾泥，虾泥中加入料酒、1/2 茶匙生抽、适量的盐和 1 茶匙油，沿着一个方向搅拌上劲。

3. 淀粉分散在半碗水中制成淀粉浆。

4. 锅里加入能没过卷心菜叶片的水，烧开，放入卷心菜叶片，煮约 4 分钟至叶子变软。韭菜洗净，放入沸水中煮 1 分钟。

5. 把煮好的卷心菜叶片去掉硬的部分，保留大的叶片部分。

6. 取适量虾泥放入叶子一端，从一端卷成卷，两端用韭菜扎起来，制成糖果卷。

7. 蒸锅加入适量水烧开，放入鲜虾糖果卷，蒸 5 分钟。

8. 锅烧热后加入植物油，小火加热，倒入淀粉浆、剩余的生抽和适量的盐，不断搅拌至呈透明状，倒在蒸好的鲜虾糖果卷上即可。

孔雀开屏鱼

有没有被这道菜的美颜惊呆？这道菜的特色就是好吃又好看，好像尾巴开屏的孔雀，有喜庆祥和的好彩头，适合做节日菜。鱼肉口感细嫩，保持原汁原味。不要被刀工吓到，其实一点也不复杂，保证你一学就会。

25min　　简单
烹饪时间　难易程度

普通的鱼吃习惯了，给鱼来个小整形，马上好看得舍不得吃了。

♣ 主料

鳊鱼	1 条

辅料

香葱	6 棵
姜	20 克

调料

红朝天椒	4 个
料酒	1 茶匙
蒸鱼豉油	2 茶匙
植物油	2 茶匙

烹饪秘籍

1. 买鱼的时候可以让卖鱼的帮忙清理，回家洗一下就可以了，省事省力。

2. 处理鱼时，鱼肚子里的一层黑色的膜要去掉，可减少鱼腥味。

3. 切鱼的时候有一把快刀最好了，注意鱼肚子上的肉不要切断。鱼肉切得越薄，层次越多，越好看。要选扁平状的鱼，鳊鱼、武昌鱼都可以。

 做法

1. 鳊鱼去掉肚子里的内脏及肚子里的黑膜，去掉头部的鱼鳃以及身上的鱼鳞，清洗干净。

2. 用刀剁下鱼头和鱼尾。

3. 从鱼背部往腹部切，注意不要完全切断腹部，切成约半厘米厚的片。

4. 葱去皮洗净。葱白切成约 3 厘米的段，葱叶切小圈。

5. 姜去皮洗净，切成姜丝。朝天椒洗净，切成小圈。

6. 盘子底部放上葱白段和姜丝，把鳊鱼摆在盘子里呈孔雀开屏状。鱼头和鱼尾摆在盘子中间。

7. 倒上料酒、蒸鱼豉油。蒸锅加水烧开后，放入鱼蒸 8 分钟。

8. 炒锅烧热，加入植物油烧至八成热后浇在鱼身上，撒上葱叶圈，摆上朝天椒圈即可。

豆腐盒子

四十大盗的宝盒

把豆腐简单地做一个造型，做成小盒子的形状。里面放上金灿灿的馅料，像不像传说中的宝盒？造型简单别致，寓意吉祥，特别适合节日里食用。

人人都想要一个装满珠宝的宝盒吧？亲手做一个，感觉自己好富有。

40min 烹饪时间　简单 难易程度
（不含浸泡时间）

♣ 主料

老豆腐	200 克
土鸡蛋	2 个

辅料

熟豌豆粒	20 克
扇贝丁	20 克
胡萝卜	20 克
香葱	6 棵

调料

生抽	2 茶匙
胡椒粉	1/2 茶匙
盐	2 茶匙
植物油	2 茶匙

🍃 做法

1. 扇贝丁清洗干净，放在温水里面泡 30 分钟。

2. 胡萝卜洗净，切成小丁。

3. 平底不粘锅烧热，加入 1 茶匙植物油，放入老豆腐，每面都煎至微微上色。

4. 用勺子把中间的老豆腐挖出，做成一个盒子。

5. 土鸡蛋打入碗中，用筷子打散，加入熟豌豆粒、扇贝丁和胡萝卜丁。

6. 炒锅烧热后加入植物油，油热后加入鸡蛋液炒至刚刚凝固，放入生抽、胡椒粉和盐炒均匀。

7. 炒好的鸡蛋盛到豆腐盒子里。

8. 蒸锅加适量水，水烧开后放入盒子大火蒸 5 分钟，绑上香葱装饰后食用。

🥥 烹饪秘籍

1. 因老豆腐水分含量少，较嫩豆腐结实，所以建议选择老豆腐。

2. 豆腐最好先在锅里稍微煎一下，颜色好看，味道更香。

3. 豆腐盒子大火蒸一下，趁热吃，口感比较好。

4. 扇贝丁具有提鲜的作用，没有可以不放，或用小虾皮等代替。

茄汁无骨鸡翅

不用吐骨头的鸡翅

一道菜含有7种食材，食材种类非常丰富，营养素互补。而且鸡翅去掉骨头，更容易入味，老人、儿童都可以放心食用。

巧妙心思

在做之前把鸡翅的骨头去掉，加入多种蔬菜，不仅造型漂亮，营养还很均衡。

30min 简单
烹饪时间 难易程度
（不含腌制时间）

♣ 主料

鸡翅	6 个
番茄	150 克

辅料

鲜香菇	50 克
金针菇	50 克
青椒	50 克
胡萝卜	50 克
生菜	6 片
大蒜	5 瓣

调料

料酒	1 茶匙
番茄酱	2 茶匙
盐	1/2 茶匙
植物油	2 茶匙

🍃 做法

1. 鸡翅用剪刀剪断和骨头相连的筋，把骨头取出。

2. 将无骨鸡翅清洗干净，加入料酒腌制 10 分钟。

3. 番茄顶部划十字，放在沸水中煮半分钟捞出，去掉皮，用料理机打成泥。

4. 鲜香菇清洗干净，切成厚约 1 毫米的片。生菜叶片洗净，沥干。

5. 青椒和胡萝卜均洗干净，分别切成长约 10 厘米的丝。金针菇去掉根部，清洗干净。

6. 把香菇片、金针菇、青椒丝、胡萝卜丝均匀地塞进鸡翅中。

7. 锅烧热后，倒入油，放入鸡翅，小火煎 2 分钟，加入番茄泥和番茄酱。

8. 中火煮 8 分钟至汤汁基本收干，加入盐调味，出锅即可。

烹饪秘籍

1. 鸡翅去骨时，先把两端骨头与肉相连的部分剪断，再从一端深入剪刀剪离中间部分，便可取出骨头。

2. 最后的汤汁熬到浓稠状为佳，汤汁不要收太干，浓浓地浇在鸡翅上，很有味道。

萝卜开会

甜辣开胃菜

萝卜本身就具有增进食欲的功能，做成酸甜辣风味，更爽口开胃。昏昏欲睡的早上不要再吃咸菜了，这道菜绝对可以激发你的早餐食欲。

15min 烹饪时间 | **简单** 难易程度

（不含腌制、冷藏时间）

烹饪秘籍

1. 萝卜切薄片，先用盐腌制一下，可以去除萝卜的苦涩味。

2. 如果一次吃不完，每次吃的时候可以用干净的筷子取出一些，吃完再取，避免产生细菌。

营养贴士 💬

萝卜一次吃不完要放入冰箱储存，并且在 3 天内吃完。超过 3 天，食物中的亚硝酸盐含量会大幅增长，吃了以后对身体有害。

♣ 主料

		调料	
白萝卜	50 克	朝天椒	4 个
绿皮萝卜	50 克	酿造白醋	100 克
胡萝卜	50 克	糖	40 克
心里美萝卜	50 克	盐	7 克

🌿 做法

1. 四种萝卜均洗净，分别切成厚约 1 毫米的薄片。
2. 所有萝卜片放入碗中，加入 5 克盐腌制 30 分钟。
3. 腌好的萝卜片用清水冲洗干净。
4. 将腌萝卜片沥干，放入可以密封的干净容器里。
5. 朝天椒洗净，切成小圈。
6. 酿造白醋、糖、剩余的盐和朝天椒圈混合成调味汁。
7. 把调味汁倒入盛腌萝卜片的容器里，拌匀。
8. 密封容器，放入冰箱冷藏 8 小时后食用。

豆衣菜肉卷

一 口 一 个 真 美 味

卷一卷，蒸一蒸，切一切，制作好看又好吃的美味就这么简单。利用豆腐衣皮薄韧性足的特点，把馅料包裹在里面，切开后香气扑鼻而来。

35min | 简单
烹饪时间 | 难易程度

♣ 主料

豆腐衣	2 张
猪腿肉	200 克
荸荠	50 克
胡萝卜	50 克
速冻豌豆粒	30 克
速冻玉米粒	30 克

辅料

淀粉	1 茶匙

调料

生抽	2 茶匙
老抽	1 茶匙
胡椒粉	1/2 茶匙
盐	2 茶匙
糖	1/2 茶匙
植物油	2 茶匙

做法

1. 把猪腿肉洗净，切成丁，放入料理机搅成肉泥。

2. 速冻豌豆粒和速冻玉米粒室温解冻。

3. 荸荠用削皮刀去皮，洗净，切成米粒大小的小丁。

4. 胡萝卜洗净，切成米粒大小的小丁。

5. 猪腿肉中加入淀粉、生抽、老抽、胡椒粉、盐、糖和植物油，沿一个方向搅拌上劲。

6. 加入荸荠丁、胡萝卜丁、豌豆粒和玉米粒，沿一个方向搅拌均匀。

7. 豆腐衣平铺在砧板上，将馅料均匀地放在一侧，从一端卷成卷。

8. 蒸锅加适量水，水开后放入豆腐衣卷，中大火蒸15分钟，冷却后切块即可。

烹饪秘籍

1. 在猪肉中添加了颗粒状的荸荠、胡萝卜丁，可以使肉馅吃起来富有层次感，减少油腻。

2. 搅拌馅料时需要沿着一个方向搅，才会形成紧致的小肉丸。

雪花基围虾

不是雪花胜雪花

选用新鲜的基围虾制作。层层蒜末铺在基围虾上，形似落了一层雪花。每只虾都铺满了蒜末，充满了蒜香味，每一口都很满足。

25min　简单
烹饪时间　难易程度
（不含腌制时间）

主料

基围虾	250 克

辅料

大蒜	5 头
姜	10 克
香葱	6 棵

调料

生抽	1 茶匙
料酒	1 茶匙
蒸鱼豉油	2 茶匙
植物油	1 汤匙

烹饪秘籍

1. 大蒜要尽量多一点，压成细腻的蒜末，风味释放得好，摆在虾上样子也轻盈好看，像雪花一样。

2. 把姜和葱放在虾的底部，可以起到去腥的作用。

营养贴士

基围虾富含优质蛋白质，肉质细腻，容易消化，非常适合产后、手术后需要优质蛋白质恢复身体的人食用。学龄前儿童由于身体各器官发育尚不完全，消化吸收能力有限，更适合食用虾肉补充优质蛋白质。

做法

1. 基围虾用剪刀剪开背部，挑出虾线。剪去头部的虾须和虾枪，剪去腹部的虾足，清洗干净。

2. 虾中加入料酒、生抽、蒸鱼豉油，腌制 10 分钟，入味去腥。

3. 姜去皮洗净，切成厚约 1 毫米的姜片。

4. 香葱去皮洗净，切成长约 5 厘米的葱段。

5. 大蒜去皮洗净，用压蒜器压成蒜泥。

6. 姜片和大部分葱段放在盘底，摆入基围虾，上面均匀地铺上蒜泥。

7. 蒸锅加入适量水，烧开后放入虾，中大火蒸 10 分钟。

8. 锅烧热后加入油，烧至八成热，浇在蒸好的雪花虾上，放上香葱叶即可食用。

剁椒蒸杂蔬

最简单的蒸菜

剁椒是蒸菜界的"大杀器"，特别适合"懒人"朋友或者厨房新手使用。无论厨艺如何，加上一点剁椒，就可以让你的厨艺立马上升好几个档次。剁椒搭配蔬菜，让你吃素也欲罢不能。

20min   **简单**
烹饪时间   难易程度

芥蓝	50 克
胡萝卜	50 克
金针菇	50 克

辅料

香葱	2 棵

调料

剁椒	1 茶匙
蒸鱼豉油	1 茶匙
植物油	2 茶匙

🌿 做法

1. 芥蓝用刮皮刀去皮，洗净，先切成片，再切成长约 5 厘米的细丝。

2. 胡萝卜洗净，切成长约 5 厘米的细丝。

3. 金针菇剪去根部，清洗干净。

4. 香葱洗净，沥干，切成小圈。

5. 把芥蓝丝、胡萝卜丝和金针菇依次摆在盘子里，上面均匀地放上剁椒。

6. 蒸锅加适量水，烧开后放入蔬菜，大火蒸 10 分钟。

7. 把蒸菜里面的水倒掉，加入蒸鱼豉油。

8. 锅烧热后加入油，烧至八成热，浇在菜上面，撒上香葱圈即可食用。

🍄 烹饪秘籍

1. 尽量选择一些耐蒸的菜，如豇豆、土豆、胡萝卜、蘑菇等，最好不要选绿叶菜，绿叶菜蒸久了营养素损失非常大。

2. 因剁椒含有盐，故菜里不需要加盐，防止太咸。

💬 营养贴士

芥蓝是一种营养丰富的蔬菜，其含有的胡萝卜素和胡萝卜的含量差不多。其钙和维生素 C 的含量在蔬菜中名列前茅，其中维生素 C 含量比猕猴桃的还多。

巧妙心思

选用多种颜色耐蒸的蔬菜，五颜六色的，很美丽。

里脊肉炒双花

白绿双侠行江湖

菜花和西蓝花都是菜场里的常备菜，它们也是营养丰富的抗癌明星菜。二者搭配在一起，营养、颜色和口味都更加丰富。再加上黑色系的木耳，让人更加有食欲。

15min
烹饪时间
（不含泡发时间）

简单
难易程度

菜花	100 克
西蓝花	100 克
里脊肉丝	100 克

辅料

干木耳	10 克
大蒜	5 瓣

调料

朝天椒	2 个
生抽	1 茶匙
盐	4 克
植物油	2 茶匙

🍃 做法

1. 干木耳洗净，放入碗中，加水没过木耳，泡发 15 分钟，泡发后去掉根部，洗净。

2. 菜花和西蓝花均洗净，切成小块。

3. 锅里加入适量水煮开，放入菜花、西蓝花和泡发的木耳煮 30 秒。

4. 所有食材捞出，过凉水冷却，沥干备用。

5. 大蒜去皮洗净，切成碎末。朝天椒洗净，切成长约 1 厘米的小段。

6. 不粘锅擦干，烧热后加入油、大蒜末、朝天椒段和里脊肉丝，小火爆香 1 分钟。

7. 加入西蓝花块和菜花块，转中大火翻炒 2 分钟。

8. 加入木耳、生抽、盐翻炒半分钟，即可出锅。

烹饪秘籍

1. 爆香大蒜末时一定要小火加热，避免煳锅。

2. 西蓝花和菜花从根部切可以减少损失。

什锦炒素

家常小炒也味

常见的食材，简单地搭配在一起。利用多样化的颜色，不需要太多的调味料和复杂的做法，就能做出一道令人称赞的菜。

20min 烹饪时间 **简单** 难易程度
（不含泡发时间）

♣ **主料**

芸豆	50 克
杏鲍菇	50 克
胡萝卜	50 克
干木耳	10 克

辅料

大葱	40 克

调料

干红辣椒	3 个
盐	4 克
生抽	1 茶匙
胡椒粉	1/2 茶匙
植物油	2 茶匙

🌿 **做法**

1. 干木耳洗净，放到温水里面泡发 10 分钟，至呈柔软的状态。取出，去掉根部。
2. 芸豆掐掉头、尾，洗净，和木耳一起放入沸水中焯水 2 分钟。
3. 将焯好的食材捞出，过凉水冷却，沥干备用。
4. 木耳切成丝。芸豆斜刀切成细丝。
5. 大葱去皮洗净，和干红辣椒分别切成细丝。
6. 杏鲍菇和胡萝卜均洗净，先斜刀切成片，再切成丝。
7. 不粘锅烧热，加入油、葱丝和干红辣椒丝，小火爆香 1 分钟。
8. 先入胡萝卜丝炒 2 分钟，再加入其他菜大火翻炒约 4 分钟，加入生抽、盐和胡椒粉，炒均匀即可出锅。

🍲 **烹饪秘籍**

1. 为了保证菜的品相整齐美观，以及方便菜同时熟，保持口感，所有的菜要尽量切成粗细均匀一致的细丝。

2. 芸豆不容易熟透，可以先焯一下水，再炒会更容易熟。

💬 **营养贴士**

五颜六色的蔬菜搭配在一起可以让营养素更均衡。因生芸豆中含有一种物质会引起肠胃不适，产生中毒症状，必须完全炒熟才可食用，故芸豆需要提前焯水，防止不熟。

171

海鲜娃娃菜豆腐煲

寒冬里的暖心菜

在寒冷的冬天里，如果能吃到这么一道营养丰富、食材鲜美、热气腾腾的菜是不是超级温暖？菜里面可以添加任何想吃的食材，制作超级简单还美味。

30min 烹饪时间
（不含浸泡时间）

简单 难易程度

烹饪秘籍

1. 虾含有丰富的虾青素，加热后变成红色。虾青素可以溶在油里，需要先小火煎虾，煎出红色的虾油，再加其他的食材。

2. 平时做其他的料理，如果只需要虾仁，也可以把剩下的虾壳和虾头用油熬一下，熬出的红色虾油另有他用。可以拌面等，鲜美又有营养。

3. 章鱼要剪开头部去掉内脏，剪掉眼睛，用手挤出牙。

♣ 主料

嫩豆腐	100 克
娃娃菜	100 克

辅料

小章鱼	50 克
对虾	4 个
蛤蜊	10 个
大葱	30 克
姜	10 克

调料

料酒	1 茶匙
生抽	1 茶匙
辣椒粉	1/2 茶匙
番茄酱	1 茶匙
盐	1/2 茶匙
植物油	2 茶匙

营养贴士

海鲜和豆腐都是优质蛋白质丰富的食材，脂肪含量又低。再加上富含膳食纤维和矿物质的娃娃菜，更好地达到营养互补效果。

做法

1. 对虾去掉头部的虾枪、虾须和腹部的虾足，清洗干净。

2. 蛤蜊放在淡盐水中浸泡 2 小时，清洗干净。

3. 嫩豆腐切成 2 厘米见方的块。娃娃菜去掉根部，叶片分开，清洗干净。

4. 小章鱼去掉内脏、眼睛和牙齿，清洗干净，剪成长约 5 厘米的条。

5. 大葱、姜均去皮洗净，切成厚约 1 毫米的片。

6. 锅烧热后，加入植物油、葱片、姜片，小火爆香 2 分钟，加入虾煎制 2 分钟，按压虾头部熬出虾油。

7. 加入料酒、生抽、辣椒粉、番茄酱、嫩豆腐和娃娃菜，加入一碗水，水沸后小火慢炖 5 分钟。

8. 加入蛤蜊和鱿鱼，煮至蛤蜊开口，加入适量盐调味即可出锅。

食材巧利用

烹饪时有些食材常常被我们忽视，比如薄荷、豆渣、甜菜根、南瓜苗等。把它们恰当地运用到料理中，与不同的食材碰撞，可以激发出更多的创意火花，让料理更有新意。

脆皮豆腐

豆腐的新吃法

豆腐本身是软嫩的，经过简单的加工，做出酥脆的外壳和软嫩的内里，造就了独特的口感。加上酸甜可口的酱汁，让你爱上吃豆腐。

20min 简单
烹饪时间 难易程度

♣ 主料		辅料		调料	
嫩豆腐	150 克	鸡蛋	1 个	番茄酱	3 茶匙
		淀粉	100 克	白砂糖	1/2 茶匙
				盐	1/2 茶匙
				植物油	3 茶匙

烹饪秘籍

1. 豆腐要选嫩豆腐，也就是通常说的南豆腐，含水量高，比北豆腐要嫩很多。做好的脆皮豆腐外脆里嫩，形成很好的口感对比。

- - - - - - - - - -

2. 想要豆腐外皮脆一点，需要裹两层淀粉，煎好的外壳酥脆感更强。

豆腐是优质蛋白的日常来源，豆腐的钙含量也很高。

将淀粉裹在嫩豆腐外面，再煎制，做出外脆里嫩的口感。

🍃 做法

1. 嫩豆腐切成长约 3 厘米，宽和高约 1 厘米的长方形小块。

2. 鸡蛋打入碗中，用筷子搅散备用。

3. 豆腐块放入淀粉中，来回滚动，使豆腐块均匀裹满淀粉。

4. 再放入鸡蛋液中，翻滚均匀裹上一层鸡蛋液。

5. 再次放入淀粉中，翻滚裹上一层淀粉。

6. 平底不粘锅倒入 2 茶匙油，油热后放入豆腐块。

7. 小火煎，一面煎成金黄色后再翻面，将豆腐面均煎成金黄色，盛入盘中。

8. 锅洗净，擦干，烧热后倒入 1 茶匙植物油、番茄酱、白砂糖和适量盐，小火翻炒 1 分钟，加入豆腐拌匀即可。

蒜蓉南瓜苗

纯 天 然 的 美 味

记不记得一颗南瓜苗就可以爬满整个院子，长很多的大南瓜？南瓜苗也是纯天然的美味食材，嫩脆无比，有一丝丝嫩南瓜的味道。纯天然的美味可不要错过。

15min 烹饪时间　**简单** 难易程度

1. 所谓南瓜苗选取的是南瓜藤最前端的一部分嫩藤和叶子。因为叶子比较容易熟，炒制时间太久会变黄，所以最好把茎和叶子分开，先炒茎，后加叶子。

2. 也可以不加老干妈辣酱，加点盐调味，口感更清淡。

3. 没有南瓜苗，可以换成空心菜等。

营养贴士

南瓜苗不仅味道鲜美、风味独特，而且营养丰富，含有丰富的叶绿素、膳食纤维和多种维生素、矿物质。南瓜叶营养素含量比南瓜茎要高，并高于多种常见的其他绿叶蔬菜。经常食用南瓜叶可以缓解便秘，预防慢性疾病。

♣ 主料

南瓜苗	200 克

辅料

大蒜	6 瓣

调料

老干妈辣酱	1 茶匙
植物油	1 茶匙

🌿 做法

1. 南瓜苗洗净，茎和叶子分开，茎掰成长约 5 厘米的段。
2. 大蒜去皮洗净，用刀切成碎粒。
3. 炒锅烧热后，加入油和大蒜碎，小火爆香 1 分钟至有蒜香味。
4. 加入老干妈辣酱，翻炒至出红油。
5. 先放入南瓜茎，中大火翻炒 2 分钟。
6. 再加入南瓜叶子，中大火翻炒 1 分钟，即可出锅。

巧妙心思

南瓜苗是纯天然的食材，但是经常被忽视。其实南瓜苗不仅好吃，而且营养价值也不低，绝对是一种好食材。

薄荷牛肉炒蛋

清新风的小炒肉

家里的薄荷长得太茂盛，除了泡水，不知道怎么吃。试试薄荷入菜吧。在肉菜里面加入薄荷，可以缓解肉类的油腻感，风味清新自然。

20min
烹饪时间

简单
难易程度

主料

牛里脊肉	100 克
鸡蛋	2 个

辅料

薄荷叶	10 片
淀粉	1 茶匙

调料

料酒	1 茶匙
生抽	1 茶匙
盐	1/2 茶匙
植物油	2 茶匙

🍲 烹饪秘籍

1. 小炒一般需要选嫩的肉，容易熟，口感好。牛里脊肉是牛肉中最嫩的部位，适合做小炒肉。

2. 牛里脊肉外面略微挂一层淀粉可以防止水分流失，使肉质保持鲜嫩。只需要一点点淀粉就好，不要放多。

营养贴士 💬

因牛肉脂肪含量比猪肉低，牛里脊肉脂肪含量更低，所以牛里脊肉适合大多数人食用。牛肉铁含量比猪肉、禽肉等要高，它是很好的补铁食材。爱美怕胖的女性朋友，选择牛肉绝对靠谱。

🍃 做法

1. 牛里脊肉洗净，切成厚 1~2 毫米的薄片。
2. 牛肉片放入碗中，加入淀粉、料酒和生抽，抓揉均匀。
3. 薄荷叶洗净，取其中 5 片叶子切成碎末。
4. 鸡蛋打入碗中，用筷子把蛋液搅打散。
5. 不粘锅烧热后，加入一半油，油热后倒入蛋液，中大火炒至蛋液刚刚凝固，盛出。
6. 锅里加入剩下的油，放入牛肉片翻炒 3 分钟。
7. 放入切碎的薄荷叶翻炒均匀。
8. 加入炒好的鸡蛋，加入适量盐和剩余的完整的薄荷叶即可出锅食用。

银鱼炒蛋

满满的蛋白质

银鱼身体细长、通透、鲜嫩无刺，和鸡蛋一起炒，两者都非常鲜美，口感软。这是一道老少皆宜的菜。

20min
烹饪时间
（不含腌制时间）

简单
难易程度

主料

银鱼　　　　　100 克
土鸡蛋　　　　3 个

辅料

香葱　　　　　20 克

调料

料酒　　　　　2 茶匙
白胡椒粉　　　1/2 茶匙
盐　　　　　　1/2 茶匙
植物油　　　　2 茶匙

烹饪秘籍

1. 银鱼腌制时间不要太久。鱼肉质嫩，炒的时候需要轻轻翻拌，避免搅拌碎。

2. 如果是比较小的银鱼，可以直接和蛋液搅拌在一起，入锅炒。鸡蛋液倒入锅里后，不要马上翻炒，要等底部的蛋液凝固后，再轻轻从底部往上翻，可以让蛋液完全包裹银鱼。炒至蛋液刚凝固即可，不要太老。

做法

1. 银鱼洗净沥干，加入料酒、白胡椒粉和盐拌匀，腌制10 分钟。
2. 鸡蛋打入碗中，蛋液用筷子搅打散。
3. 香葱洗净，切成小圈。
4. 香葱圈放入蛋液中搅拌均匀。
5. 平底不粘锅中倒入植物油，油热后倒入银鱼，翻炒 1 分钟，让银鱼平铺在锅底。
6. 均匀地倒入蛋液，底部蛋液凝固后，再翻炒至所有蛋液凝固即可食用。

营养贴士

银鱼和鸡蛋优质蛋白质含量非常丰富，蛋白质利用率很高，还容易消化，适合大部分人食用。尤其适合小朋友以及体弱需要补充蛋白质恢复体力的病人。因土鸡蛋胡萝卜素含量比较高，所以蛋黄颜色会更黄，更好看。其他的营养素和普通鸡蛋相差无几，没必要过分夸大土鸡蛋的营养价值。

肉末甜菜根

红 红 火 火

甜菜根日常见得不多，但是它的颜色却让每一个人着迷，颜色红艳如火，也被称为火焰菜。甜菜根营养非常丰富，除了可以炼糖，做成菜味道也是很特别的。

15min 烹饪时间　**简单** 难易程度

1. 甜菜根会有淡淡的土腥味，可以先切成丝焯一下水，能有效减少土腥味。做的时候可以加一点生抽、白胡椒粉提味。

- - - - - - - - - - - - - - - - - -

2. 猪肉选带一点肥肉的夹心肉，可以增加整道菜的香味。

营养贴士

甜菜根含糖量比较高，糖尿病人需要适量摄入，避免引起血糖波动。

♣ **主料**

甜菜根	150 克
夹心肉	100 克

辅料

大葱	30 克

调料

生抽	1 茶匙
盐	1/2 茶匙
白胡椒粉	1/2 茶匙
植物油	1 茶匙

🍃 **做法**

1. 甜菜根洗净，用刮皮刀去皮。
2. 先切成薄片，再切成长 5~8 厘米的细丝。
3. 甜菜丝放入沸水中焯水 1 分钟。
4. 捞出过凉水冷却，沥干备用。
5. 夹心肉洗净，放入料理机内打成肉末。
6. 大葱去皮洗净，切成细丝。
7. 不粘锅烧热，加入油、肉末和葱丝，小火爆香 2 分钟。
8. 加入甜菜根丝、生抽和白胡椒粉，翻炒 3 分钟，加入盐出锅食用。

巧妙
心思

蒸红薯叶

忆苦思甜菜

在艰苦年代吃的食物，
年轻人可能已经记不
清，还没有吃过。吃
过红薯没有吃过红薯
叶吧？嫩的红薯叶混
合面粉一起蒸，营养
健康，既可当菜又可
当饭，特别省事。

红薯叶不是常规的蔬菜，但
是营养价值很高，不仅可以
蒸，也可以炒，食用方法多
种多样。

30min | **简单**
烹饪时间 | 难易程度

主料

红薯叶子　　　150 克

辅料

干面粉　　　　100 克
大蒜　　　　　3 瓣

调料

红朝天椒　　　1 个
生抽　　　　　2 茶匙
醋　　　　　　1 茶匙
芝麻油　　　　1 茶匙

烹饪秘籍

1. 红薯叶洗净后，保持叶面湿润能粘上干面粉的状态很重要。如果红薯叶水太多，蒸好的菜会很粘口。如果水太少，蒸好的菜又会偏干。

2. 蒸的时候为防止水蒸气凝结成水珠滴到红薯叶上，可以在上面盖一层保鲜膜或者用重的东西压一下锅盖，防止锅盖移动。

营养贴士

红薯叶属于深绿色蔬菜，富含叶绿素、胡萝卜素、膳食纤维等，其胡萝卜素含量比胡萝卜都高。红薯叶能够增强人体细胞的活力，提高免疫力。

做法

1. 红薯叶子去掉茎，只留下整片的叶子。

2. 红薯叶子洗净，控掉大部分水，使其保持湿润状态。

3. 红薯叶子逐片放在干面粉里，使每片叶子都裹上薄薄的一层干面粉。

4. 裹好面粉的红薯叶子依次叠在蒸笼或者盘子里。

5. 蒸锅加适量水，放入红薯叶子，中大火蒸 15 分钟。

6. 大蒜去皮洗净，用压蒜器压成蒜蓉，放入小碗中。

7. 红朝天椒洗净，切成小圈，放入大蒜中。

8. 加入生抽、芝麻油和醋混合成调味汁。用红薯叶蘸食即可。

豆渣珍珠丸子

下 脚 料 变 珍 宝

这道菜营养均衡还管饱，主要是还能使用豆渣这种下脚料，避免浪费。豆渣是做豆浆剩下的渣，口感粗糙，但是膳食纤维含量高。在膳食纤维普遍缺乏的今天，豆渣绝对是个好食材。

30min | 简单
烹饪时间 | 难易程度
（不含浸泡时间）

主料

豆渣	100 克
猪瘦肉	100 克
糯米	50 克

辅料

鲜香菇	50 克
胡萝卜丁	20 克
姜	10 克
葱	20 克

调料

生抽	2 茶匙
盐	1 茶匙
白胡椒粉	1/2 茶匙
植物油	2 茶匙

烹饪秘籍

豆渣是打豆浆剩下的残渣，本身含有较多的水分，而且每一家的豆渣含水量都不一样。在调制馅料时，要根据馅的状态适当调整豆渣的量，馅料要不稀不稠，能在手心里搓成完整的球形。

营养贴士

一道菜包含了肉类、豆类、蔬菜类和米类，食材非常丰富，完全可以当作主食食用。豆渣的膳食纤维含量比较高，对于患有"三高"、经常便秘的人来说，豆渣是个不错的选择。它有助于控制血糖和血脂，软化粪便，预防便秘。

做法

1. 糯米淘洗干净，添加没过糯米的清水，浸泡 2 小时。
2. 猪瘦肉洗净，切成小块。
3. 葱和姜均去皮洗净，切碎。
4. 鲜香菇清洗干净，切成小丁。
5. 猪瘦肉、葱、姜、鲜香菇丁、生抽、盐、白胡椒粉和植物油一起放入料理机内，搅打至食材细腻后取出。
6. 加入豆渣和胡萝卜丁，沿着一个方向搅拌上劲。
7. 取适量馅料用手心搓成球形，放在糯米中滚几圈，让馅料均匀地粘满糯米粒。
8. 蒸锅加适量水，煮开后放入珍珠丸子，蒸 10 分钟即可食用。

虾酱五花肉蒸茄子

记忆中的美味

每到春天，大量的新鲜小虾米上市，买上0.5千克，混合盐磨出来的酱就是虾酱。虾酱味道非常鲜，蒸菜里加点虾酱，可以起到提味的作用。虾酱搭配五花肉的肥美和茄子的软糯，恰到好处。

虾酱味道鲜美，算是百搭的食材。很多蔬菜加一点虾酱，好吃度可以提升数个层次，可以在家里常备一瓶。

35min 烹饪时间　**简单** 难易程度

♣ 主料		辅料		调料	
五花肉	100 克	姜	10 克	虾酱	1 茶匙
紫皮长茄子	150 克	大葱	30 克	植物油	1 茶匙

🌱 做法

1. 五花肉洗净，切成厚约 2 毫米的片。
2. 紫皮长茄子洗净，切成滚刀块。
3. 姜去皮洗净，切成姜丝。
4. 大葱去皮洗净，切成长约 5 厘米的葱丝。
5. 五花肉、茄子块、虾酱、姜丝、葱丝和植物油混合均匀。
6. 蒸锅加适量水，放入食材蒸 20 分钟后即可出锅。

青柠酸辣鲈鱼

酸 辣 好 味 道

柠檬本身就属于开胃的食材，搭配刺激的辣椒，让人吃一碗米饭绝对不够。鲈鱼肉质细腻鲜美，清蒸最能体现原汁原味。

巧妙心思

青柠在中餐里用得不多，但是非常适合用在凉拌菜中，清爽的酸味搭配鱼肉的鲜嫩，刚刚好。

20min　简单
烹饪时间　难易程度

烹饪秘籍

1. 鲈鱼选 0.5 千克重的比较合适，肉多还容易熟。为了容易熟和入味，鱼身上要切几道口子。

- - - - - - - - - - - - - - - - -

2. 鲈鱼大火蒸 8 分钟，用筷子试一下，如能轻易刺穿肉，就说明熟透了。蒸得太久了肉质会老。

- - - - - - - - - - - - - - - - -

3. 柠檬最好选青柠檬，如果没有，用黄柠檬代替也可以。

营养贴士 💬

鲈鱼是淡水鱼中含 DHA 比较多的品种，肉质细腻，鱼刺也少，适合给小宝宝食用。有些人对海水鱼过敏，那么可以试一下淡水鱼。

♣ 主料

鲈鱼	1 条
小青柠檬	6 个

辅料

大蒜	6 瓣
香菜	1 棵

调料

红色杭椒	2 个
绿色杭椒	2 个
姜	20 克
鱼露	2 茶匙
盐	1/2 茶匙

🌿 做法

1. 鲈鱼去掉头部的鱼鳃和腹部的内脏，清洗干净。

2. 在鱼的两面各划 3 刀，方便入味。

3. 姜去皮洗净，切成厚约 1 毫米的片，放入鱼肚子里。

4. 两种杭椒均洗净，切成小圈。香菜去根，洗净。

5. 大蒜去皮洗净，用压蒜器压成蒜泥，放入碗中。

6. 小青柠檬洗净，从中间切开，把柠檬汁挤在蒜泥碗中。

7. 碗中加入杭椒圈、鱼露和适量盐，搅拌均匀，做成柠檬酱汁。

8. 蒸锅加入适量水烧开后，放入鲈鱼，大火蒸 8 分钟。出锅浇上柠檬酱汁，摆上香菜即可食用。

荷叶糯米鸡

出淤泥而不染

藕、荷叶、荷花都可以入菜。荷叶清香的气味,让整道菜都变得清新。

被荷叶一层层包裹,做好的食物也多了一丝清香。

45min 简单
烹饪时间 难易程度
(不含浸泡时间)

主料

鸡腿	2 个
糯米	80 克
干荷叶	2 张

辅料

干香菇	8 个
胡萝卜	50 克
香葱	3 棵

调料

生抽	2 茶匙
老抽	1/2 茶匙
蚝油	2 茶匙
糖	1 茶匙
盐	1/2 茶匙
植物油	2 茶匙

做法

1. 糯米淘洗干净，加水没过糯米，浸泡 3 小时。干香菇清洗干净，加水没过香菇，泡 30 分钟至泡软。

2. 泡发好的香菇切成小丁。

3. 干荷叶放在温水里泡软。

4. 鸡腿洗干净，剁成小块。

5. 胡萝卜洗净，切成小丁。香葱洗净，葱白和葱叶分别切成小圈。

6. 炒锅烧热，加入油、葱白圈、胡萝卜丁和香菇丁，翻炒 1 分钟至炒香。

7. 加入鸡腿块翻炒至肉质微缩，加入糯米、生抽、老抽、蚝油、糖和适量盐，翻炒均匀。

8. 鸡腿糯米馅放在荷叶上，包裹好。放入蒸锅中中火蒸 30 分钟，打开荷叶撒上葱叶圈即可食用。

烹饪秘籍

1. 干荷叶容易碎，要用温水泡软后再用。为防止荷叶破裂，最好两张荷叶叠在一起包。

2. 干香菇有鲜香菇没有的香味，用干香菇才能激发出整道菜的味道。

玉子虾仁

唇红齿白的美人

看到这道菜，会让人不由自主地想起唇红齿白的美人形象。利用现成的日本豆腐，加一颗粉嫩的虾仁，点缀一颗青豆，简约中透露出质朴典雅。

45min 简单
烹饪时间 难易程度

♣ 主料		辅料		调料	
日本豆腐	2包	青豆	20克	生抽	1茶匙
明虾	8个	淀粉	1茶匙	芝麻油	1茶匙

🌿 做法

1. 明虾剥出虾仁，去掉虾线，清洗干净。
2. 日本豆腐切成厚约2厘米的圆柱形块。
3. 豆腐放在盘里，上面分别摆上一个虾仁和青豆。
4. 蒸锅加适量水，烧开后放入豆腐大火蒸5分钟后取出。
5. 盘子里面的水倒在小碗里，加入淀粉、生抽和芝麻油搅拌均匀。
6. 倒在锅里，边搅拌边小火加热，至呈现能流动的透明状，浇在豆腐上即可食用。

烹饪秘籍

1. 因日本豆腐比较嫩，所以切的时候要小心一些，防止弄碎。

2. 最后的淀粉糊要呈现能流动的状态，如果水太少可以添加适量水进行调节。

营养贴士 💬

日本豆腐不是传统意义上的豆腐，而是用鸡蛋做成的，有豆腐之爽滑鲜嫩，鸡蛋之美味清香。和豆腐一样，它们都是蛋白质含量丰富的食材。

面拖蟹

面比螃蟹都吃

吃蟹的季节，给大家推荐一种特殊的做蟹方法。很多人吃完不是惦记着里面的螃蟹，而是里面的面糊。不需要特意买很大的螃蟹，越是小的螃蟹可能越美味。

30min　**简单**
烹饪时间　难易程度

主料		辅料		调料	
河蟹	250 克	鸡蛋	1 个	料酒	1 茶匙
面粉	100 克	葱片	30 克	生抽	2 茶匙
		姜片	10 克	老抽	1/2 茶匙
				糖	1/2 茶匙
				盐	1/2 茶匙
				植物油	1 汤匙

烹饪秘籍

1. 螃蟹选河蟹、大闸蟹都可以。

- - - - - - - - - - - -

2. 面糊要稠一些，可以在螃蟹上多挂一些。如果面糊太稀挂不住。

营养贴士

蟹肉蛋白质含量很高，还含有丰富的镁、钙等物质，营养丰富。但是蟹肉吃多了有可能会引起消化不良、腹泻等症状，需要适量摄入。

巧妙心思

螃蟹和面糊搭在一起，普通的面可以变得超级好吃。

 做法

1. 新鲜的河蟹清洗干净，从壳中间剁成两半。

2. 鸡蛋用筷子搅打散，加入面粉和适量水，和成较黏稠的面糊。

3. 锅烧热后加入油，舀一勺面糊放入锅里，上面放上一半河蟹，煎至面糊凝固呈金黄色。煎好的河蟹放在碗里备用。

4. 锅里加入葱片、姜片小火爆香。

5. 加入煎好的河蟹、料酒、生抽、老抽和糖，翻拌均匀，加入一碗水。

6. 大火烧开后，小火炖至汤汁基本收干，加适量盐即可食用。

泡菜墨鱼仔

下饭的神器

泡菜是一种百搭菜，很多料理加点泡菜都会很好吃。鲜嫩的墨鱼仔，吸收了泡菜鲜辣的味道，好吃到米饭扫光光。

25min
烹饪时间

简单
难易程度

辅料

姜	10 克
大葱	40 克
香葱	2 棵
香菜	少许

调料

料酒	1 茶匙
植物油	2 茶匙

烹饪秘籍

1. 墨鱼仔可以先让卖家给处理干净，回家再清洗一下即可。

2. 墨鱼仔肉嫩，很容易熟，加一点水可以让泡菜和墨鱼仔更好地混合入味，炖煮约 3 分钟，大火快速收干汤汁即可。

营养贴士

有些人吃海鲜可能会出现过敏症状，过敏原因可能有两种。大部分海鲜是冷冻出售的，有可能是因为海鲜不新鲜，人吃了后过敏。还有就是对海鲜中的蛋白质过敏。如果是因为海鲜不新鲜，可以选择活的新鲜海鲜吃。

做法

1. 将已处理好的墨鱼仔清洗干净。
2. 韩式辣白菜切成长约 3 厘米的段。
3. 大葱、姜均去皮洗净，分别切成厚约 1 毫米的片。香葱洗净，切成长约 5 厘米的段。
4. 锅烧热，加入植物油、姜片和大葱片，煸炒 2 分钟至出香味。
5. 加入墨鱼仔和料酒翻炒片刻，加入辣白菜和小半碗水，盖锅盖，大火焖至汤汁基本收干。
6. 加入香葱段和香菜，拌匀后出锅食用。

春笋炖鸡

留住春天的味道

春天来了，万物复苏，春笋从地里冒出来，成了春天里的美味。春笋因为富含多种氨基酸，所以味道非常鲜美，简单地和同样鲜美的鸡一起炖，鲜得让人直流口水。

40min
烹饪时间

简单
难易程度

♣ 主料

		调料	
三黄鸡	150 克	花椒	20 粒
春笋	150 克	盐	1 茶匙

辅料

大葱	40 克
姜	10 克

1. 春笋一层层地剥皮比较麻烦，用刀沿着外皮从上划到下面，可以轻松地剥掉外层的皮。

----

2. 在春笋旺季，可以多买一些切成片，焯一下水，冷冻保存。解冻后吃，和新鲜的口味相似。

----

3. 春笋草酸含量较高，吃之前焯水，可有效去除草酸。

----

4. 鸡选现杀的三黄鸡。

🍃 做法

1. 三黄鸡洗净，剁成小块。

2. 春笋去掉外皮，切去根部比较老的部分，切成滚刀块。

3. 锅里烧开水，放入春笋焯水 2 分钟。

4. 捞出春笋，过凉水冷却，沥干备用。

5. 大葱、姜均去皮洗净，分别切成厚约 1 毫米的片。花椒洗干净备用。

6. 锅里放入鸡块、春笋块、葱片、姜片和花椒，加入 3 碗水，大火烧开后去掉浮沫，小火慢炖 30 分钟，加适量盐即可出锅食用。

营养贴士 💬

经常会在竹笋外面发现白点或者白色粉末，其实这是笋中氨基酸的结晶。因竹笋氨基酸含量丰富，所以会呈现出很浓的鲜味。随着放置时间的延长，竹笋会慢慢木质化，买回家的竹笋要及时食用。

山楂排骨

水果入菜 好味道

用天然山楂的酸甜物质代替糖醋排骨中的糖和醋，多了一些清新的味道。好看好吃，营养也更丰富。

50min　简单

烹饪时间　难易程度

♣ 主料		辅料		调料	
肋排	200 克	姜	10 克	香叶	2 片
山楂	15 个	葱	40 克	八角	1 粒
				生抽	1 茶匙
				老抽	1/2 茶匙
				糖	1/2 茶匙
				盐	1/2 茶匙
				植物油	2 茶匙

🌿 做法

1. 肋排洗净，下入凉水锅，水煮沸后再煮 2 分钟，去掉水面的浮沫。

2. 捞出肋排，清洗干净，沥干备用。

3. 山楂去掉蒂，用粗的酸奶管子从中间慢慢旋转出，去掉果核，形成中空的果肉，洗净。

4. 取 10 个山楂放入料理机，加约 2 汤匙的水打成果泥。

5. 葱、姜均去皮洗净，分别切成厚约 1 毫米的片。香叶、八角均洗净。

6. 锅烧热，加入油、葱、姜、香叶和八角，小火爆香约 2 分钟。

7. 加入肋排翻炒至肉质紧缩，微微上色，加入山楂泥和糖翻炒均匀，加入生抽、老抽和没过排骨的水。

8. 大火煮开后小火慢炖，炖约 20 分钟后加入整个的山楂，继续炖 10 分钟至汤汁收干，加适量盐调味即可出锅食用。

营养贴士

山楂可以增加食欲，开胃消食。

烹饪秘籍

1. 用一根粗的酸奶管子，可以很快地去掉山楂的内核。

2. 将部分山楂打成泥，可以让酸甜味更好地融入排骨中。再加几个完整的山楂，可以让菜品更好看。

咖喱三文鱼头

吃完唇齿留香

鱼头腥味比较重,烹饪时需要借助一些食材遮盖腥味。加入咖喱不但能把鱼头的腥味完全遮盖住,而且能使鱼头的美味更加突出。

30min
烹饪时间

简单
难易程度

(不含腌制时间)

♣ 主料			辅料			调料	
三文鱼头	1个		口蘑	50 克		咖喱	2 块
			香芹	50 克		料酒	1 茶匙
			洋葱	50 克		盐	1/2 茶匙
			姜	10 克		植物油	2 茶匙

🌿 做法

1. 三文鱼头去掉两侧的鳃，清洗干净，剁成块。姜去皮洗净，切成厚约 1 毫米的片。

2. 三文鱼块加入姜片、料酒，抓揉均匀，腌制 10 分钟。

3. 口蘑洗净，切成厚约 2 毫米的片。香芹洗净，斜刀切成厚约 2 毫米的片。

4. 洋葱去皮洗净，切成细丝。

5. 锅烧热，加入油、洋葱丝，爆香约 2 分钟。

6. 加入鱼块，翻炒均匀。

7. 加入咖喱、口蘑片、料酒和适量水没过鱼块，大火烧开后小火慢炖 10 分钟。

8. 加入香芹片，大火煮至汤汁浓稠，加入适量盐即可出锅食用。

🍳 烹饪秘籍 🌿

1. 鱼块先用料酒、姜腌制一下，可以有效减少腥味。

- - - - - - - -

2. 口蘑是耐煮的菜，可以较早入锅，让香气充分释放。

- - - - - - - -

3. 香芹最后加，可以保证口感和色泽。

三杯鸡

经典好滋味

三杯鸡是江西的传统名菜，后来流传到中国台湾，也成了中国台湾菜的典型代表。制作时不加水，以一杯米酒、一杯猪油、一杯酱油制成，做好的鸡肉非常有嚼劲。菜品中九层塔的独特风味，是三杯鸡的点睛之笔。

九层塔，也叫罗勒，它是三杯鸡中的关键食材。九层塔也可以加到其他炒菜里，为菜品增加风味。

40min | 简单
烹饪时间 | 难易程度

主料		辅料		调料	
鸡中翅	6 个	姜	20 克	干辣椒	2 个
		大蒜	5 瓣	生抽	1 茶匙
		香葱	2 棵	米酒	2 茶匙
		九层塔	10 克	老抽	1/2 茶匙
				芝麻油	2 茶匙
				糖	1/2 茶匙

做法

1. 鸡翅用镊子去掉浮毛，洗净，每个鸡翅剁成 3 块。

2. 大蒜去皮和干辣椒一同洗净。香葱洗净，切成长约 5 厘米的段。九层塔洗净。

3. 姜去皮洗净，切成厚约 1 毫米的薄片。

4. 锅烧热，加入芝麻油和姜片，小火煎至姜片焦黄干香。

5. 加入大蒜、干辣椒和葱段，煸炒 1 分钟。

6. 加入鸡翅，翻炒至鸡皮微微上色。

7. 加入生抽、米酒、老抽和糖，翻炒均匀，盖上锅盖小火焖煮约 5 分钟，至鸡肉熟透。

8. 加入九层塔，翻炒均匀出锅食用。

烹饪秘籍

1. 姜片切薄，煸炒至失水、焦黄，这样的姜片做好后比肉还好吃。

2. 焖煮的时候注意盖好锅盖，小火焖煮，防止火大了糊锅。

酱油蔬果溏心蛋

跨界的好朋友

菜里有蔬菜、水果，还有富含优质蛋白的鸡蛋，营养搭配非常合理。牛油果的油腻搭配秋葵的清爽，再加一个口感独特的溏心蛋，只需要一点点酱油，就做成一道美味无比的菜。

15min 简单
烹饪时间 难易程度

♣ 主料 调料

秋葵 100 克 生抽 1 茶匙
牛油果 1/2 个
鸡蛋 1 个

🌿 做法

1. 秋葵洗净，放入开水中焯水 2 分钟。

2. 捞出秋葵冲水冷却。切掉蒂，对半切开放入盘子里。

3. 牛油果去皮和果核，切成厚约 2 毫米的片放在秋葵上面。

4. 鸡蛋放入奶锅中，加水没过鸡蛋。盖锅盖，水烧开后关火闷 4 分钟。

5. 小心地剥去蛋壳，切成两半摆入盘子里。

6. 倒入 1 茶匙生抽即可食用。

🍳 烹饪秘籍

1. 秋葵一定要选嫩的，焯水后很容易咬断，老的秋葵会有很多嚼不断的筋络。

2. 为了避免营养素损失，秋葵要先整根焯水，再切成需要的形状。

3. 因这道菜的调料只用到了酱油，所以酱油的品质很重要。选择高盐稀态发酵、氨基酸态氮含量高、没有添加剂的，风味比较好。

姬松茸芦笋煎鸡胸

鸡胸肉也超美味

鸡胸肉脂肪含量很低，给人的感觉就是柴。其实掌握对方法，做好的鸡胸肉鲜嫩多汁，让人吃完一块绝对想吃第二块。鲜嫩多汁的鸡胸肉，加上嫩绿爽脆的芦笋，以及鲜美的姬松茸，实为减脂佳品。

15min 烹饪时间 / **简单** 难易程度

辅料

圣女果　　　2 个
淀粉　　　　1 茶匙

调料

黑胡椒碎　1/2 茶匙
料酒　　　　1 茶匙
盐　　　　1/2 茶匙
生抽　　　　1 茶匙
橄榄油　　　1 茶匙

烹饪秘籍

1. 鸡胸肉脂肪含量低，每 100 克鸡肉仅含有 5 克脂肪，很容易因为煎的过程中水分流失肉质变柴。先裹一层淀粉再煎，可以防止水分流失。

2. 煎鸡胸肉的时候要盖上锅盖，保持大火快速煎制。为防止煳锅，可以淋入少量水。

营养贴士

在畜禽肉中，鸡肉含有的脂肪是比较低的。而鸡的各部分中，鸡胸肉的脂肪含量最低，因此深受健身和减脂人士的喜欢。

做法

1. 鸡胸肉洗净，用刀从侧面中间片成 2 片。

2. 加入料酒、淀粉、生抽、盐和黑胡椒碎抓揉均匀，腌制 1 小时。

3. 姬松茸洗净，纵向切成厚约 3 毫米的片。

4. 芦笋去掉根上较老的部分，洗净备用。

5. 圣女果洗净，对半一分为二。

6. 平底不粘锅烧热，加入橄榄油、鸡胸肉、姬松茸和芦笋，盖盖子大火煎制 2 分钟。

7. 打开盖子撒上一半现磨黑胡椒碎。

8. 翻面继续煎制 2 分钟，撒上剩下的黑胡椒碎，放入圣女果，关火装盘食用。

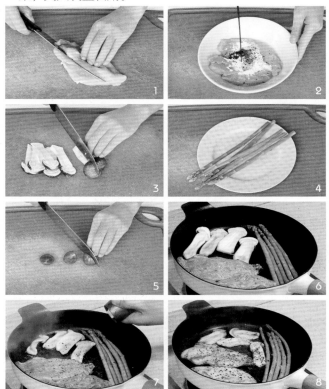

咖喱时蔬

吃素也快乐

咖喱是百搭料，荤素通吃。素菜做不好，经常会没滋没味，难以下咽，但是加入一点咖喱，可以让你的厨艺瞬间上升几个档次，变成会做菜的大厨。

15min | **简单**
烹饪时间 | 难易程度

♣ **主料**

卷心菜	50 克	土豆	50 克	
花菜	50 克	莴笋	50 克	
胡萝卜	50 克	洋葱	50 克	

调料

咖喱块	3 块
植物油	1 茶匙

🍃 **做法**

1. 卷心菜叶片掰开，洗净，切成边长约 2 厘米的方形。

2. 花菜沿花朵纹理方向掰成小朵，洗净。

3. 土豆和莴笋均用刮皮刀去皮，和胡萝卜一起洗净，三者都切成大小均匀的滚刀块。

4. 洋葱去皮洗净，切成和卷心菜大小相似的块。

5. 不粘锅烧热，加入油和洋葱块，煸炒约 1 分钟至出现明显香味。

6. 加入卷心菜片、花菜、胡萝卜块和土豆块，翻炒 2 分钟。

7. 加入约没过菜量一半的水，盖盖子小火煮至土豆熟透。

8. 加入咖喱块和莴笋块，翻炒至咖喱分散均匀、汤汁浓稠即可出锅食用。

🍋 **烹饪秘籍**

1. 土豆、胡萝卜和花菜不容易制熟，可以切成较小的块。添加水的量需要根据蔬菜的大小等来调控。

2. 市场上出售的咖喱块有不同的辣度，可以根据个人口味进行选择。带点辣味的会更下饭。

3. 因生的莴笋也可以吃，故不需要将莴笋煮至完全熟。最后加它可以丰富整道菜的口感。

💬 **营养贴士**

咖喱是由多种香料调制而成的，能促进胃酸分泌，令人胃口大增。咖喱辛辣，胃炎、溃疡病患者要注意少吃,避免引起胃肠不适。

青椒茄子擂皮蛋

很美味的混搭风

青椒、茄子和皮蛋都是家常食材。用青椒、茄子和皮蛋混搭，青椒的脆、茄子的软糯、皮蛋的鲜香合为一体。无需过多的调味品，就好吃得让人停不下嘴。

25min
烹饪时间 | 简单
难易程度

1. 青椒可以生拌，也可以和茄子一起蒸熟拌。如果要蒸熟拌，建议选皮厚的青椒。生拌选皮薄的青椒。

2. 茄子建议选紫色皮、比较嫩的。紫色的茄子皮含有丰富的营养物质，不要去掉，一起蒸即可。

营养贴士 💬

经过特殊的加工工艺，皮蛋中的部分蛋白质分解成氨基酸，呈现出鲜味。传统的加工工艺会用到含铅的物质，对人体有害。现在的加工工艺做的虽说是无铅皮蛋，但是"无铅"不代表完全不含铅，是铅含量控制在国家标准之内。成人吃没有问题，不建议给婴幼儿吃皮蛋。

♣ 主料

紫皮长茄子	100 克
青椒	100 克
皮蛋	1 个

辅料

香菜	2 棵
大蒜	2 瓣

调料

红朝天椒	1 个
醋	1 茶匙
生抽	2 茶匙
盐	2 克
芝麻油	1 茶匙

🌿 做法

1. 茄子洗净，切成手指粗、长约 10 厘米的条状，摆入盘中。

2. 盘子放入蒸锅里，大火蒸约 15 分钟至茄子熟透。

3. 青椒洗净，对半劈开，去掉里面的种子，切成丝。

4. 香菜去根，和红朝天椒一起洗净，切成长约 1 厘米的段。

5. 大蒜剥皮洗净，用压蒜器压成蒜泥。

6. 醋、生抽、盐、红朝天椒段、芝麻油和蒜泥混匀成蒜泥汁。

7. 皮蛋去皮，用勺子压成大块，和茄子条、青椒丝混合。

8. 加入蒜泥汁和香菜段，拌匀即可食用。

三丝魔芋

减肥的利器

魔芋虽然体积庞大，但是能量很低，有很强的饱腹感，搭配脂肪含量低、膳食纤维丰富的黄瓜和胡萝卜，实属减肥利器。

15min
烹饪时间

简单
难易程度

1. 魔芋丝需要在水中焯一下再食用。

2. 可以根据自己的喜好添加其他配菜。

3. 可以先把胡萝卜和黄瓜用刮皮刀刮成薄片，再切丝，切出的丝会更细。

营养贴士

买的魔芋丝有的会添加淀粉等，注意看包装上的配料表，选择不添加淀粉的魔芋丝。

♣ 主料

魔芋丝	100 克
黄瓜	100 克
胡萝卜	50 克

调料

朝天椒	2 个
醋	2 茶匙
生抽	2 茶匙
糖	1/2 茶匙
盐	1/2 茶匙
芝麻油	1 茶匙

做法

1. 黄瓜洗净，切成长约 5 厘米的细丝。
2. 胡萝卜洗净，切成长约 5 厘米的细丝。
3. 魔芋丝和胡萝卜丝一起放入开水中，焯烫 30 秒。
4. 捞出焯好的食材沥干，放入盘中。
5. 朝天椒洗净切碎，和醋、生抽、糖、盐以及芝麻油混合成调味汁。
6. 魔芋丝、胡萝卜丝、黄瓜丝混合，加入调味汁食用。

小米蒸排骨

营养与美味兼备

粉蒸排骨是很有名的一道蒸菜。今天的这道菜就地取材，用小米代替了蒸肉粉，蒸好的排骨呈现出小米的金黄色，无论外形还是营养都绝对加分。

60min 简单
烹饪时间 难易程度
（不含腌制时间）

♣ 主料

猪肋排	200 克
小米	70 克
糯米粉	70 克

辅料

南瓜	150 克
鸡蛋	2 个

调料

生抽	2 茶匙
蚝油	1 茶匙
糖	1/2 茶匙
五香粉	1/2 茶匙
盐	1/2 茶匙

烹饪秘籍

1. 外面裹的小米味道比较清淡，排骨的口味可以略微重一点。

- - - - - - - - - - - - -

2. 糯米粉和小米的比例约为 1：1，可以使得小米很好地包裹在排骨上面，蒸好的排骨又不会太粘口。

营养贴士

绝大多数谷类食物都不含有维生素 A，而小米的维生素 A 含量很丰富。小米中 B 族维生素的含量也极其丰富，可以增强食欲和加快伤口愈合。

做法

1. 新鲜猪肋排清洗干净，沥干。加入生抽、蚝油、糖和五香粉充分抓揉均匀，腌制 30 分钟。

2. 南瓜去皮，切成较大的块，放在盛器底部。

3. 小米淘洗干净，沥干，加入糯米粉和盐混合均匀。

4. 鸡蛋打入碗中，用筷子搅打散。

5. 排骨放在小米粉中翻滚，均匀地粘上小米粉。放在鸡蛋液中蘸满鸡蛋液，再次在小米粉中滚一下。

6. 排骨放在南瓜上面，蒸锅水烧开后放入，蒸 25 分钟即可食用。

黄豆啤酒鸭

鸭子的王牌组合

鸭肉搭配啤酒，做好的鸭肉不但不腥，反而多了一些啤酒的香气，紧致有嚼劲。泡好的黄豆经过充分炖煮，非常软糯、鲜香。

45min **简单**
烹饪时间 难易程度
（不含浸泡时间）

♣ 主料		辅料		调料	
鸭腿	1个（约200克）	姜	10克	干辣椒	2个
黄豆	50克	大葱	40克	香叶	1片
		大蒜	6瓣	糖	1/2 茶匙
				料酒	1 茶匙
				生抽	1 茶匙
				蚝油	1 茶匙
				啤酒	1 罐
				植物油	2 茶匙

做法

1. 黄豆洗净，加水没过黄豆，室温泡8小时，约泡至两倍大。

2. 鸭腿洗净剁成小块，放入锅里，加水没过鸭肉，煮沸后再煮3分钟，去掉水面的浮沫。

3. 捞出鸭肉，用水洗干净，沥干。

4. 姜和大葱均去皮洗净，分别切成厚约1毫米的片。大蒜、干辣椒和香叶均去皮洗净，备用。

5. 锅烧热，加入油、姜片、葱片、大蒜、干辣椒和香叶，小火爆香2分钟。

6. 加入鸭腿肉，翻炒至鸭肉紧缩，微微上色。

7. 加入黄豆、糖、料酒、生抽、蚝油和啤酒。

8. 大火煮开后改小火慢炖30分钟，至汤汁基本收干即可出锅。

烹饪秘籍

1. 鸭子的腥味比较重，加入姜、蒜、料酒和醋，可以中和鸭子的腥味。

2. 油要少放，因为鸭皮本身含有很多油，在制作过程中，鸭油会慢慢溢出。

营养贴士

鸭肉的蛋白质含量很丰富，介于鸡肉和猪肉之间。脂肪含量适中，脂肪酸比例接近理想值。

香芋蒸排骨

很高兴遇见你

香芋淀粉含量比较高，香甜粉糯，香气十足，单独蒸着吃就已经很好了。和排骨在一起，加上排骨的肉香，更成了心头爱。

选用香糯的荔浦芋头代替普通芋头，是这道菜鲜香诱人的关键。

40min　简单
烹饪时间　难易程度
（不含浸泡、腌制时间）

主料		辅料		调料	
肋排	200 克	大蒜	6 瓣	豆豉	2 茶匙
荔浦芋头	200 克	淀粉	1 茶匙	盐	1/2 茶匙
		香葱	2 棵		

烹饪秘籍

芋头的品质很关键，选购水分含量少、淀粉含量高、软糯甜香的最好。首选荔浦芋头。

🌿 **做法**

1. 肋排清洗干净，在水中浸泡 1 小时，泡出血水。
2. 捞出排骨，沥干备用。
3. 大蒜去皮洗净，用压蒜器压成蒜泥。
4. 大蒜泥、豆豉、盐和淀粉加到排骨中，抓揉均匀，腌制 1 小时。
5. 芋头去皮洗净，切成和排骨差不多大的块，撒入适量盐，放在盘中。
6. 腌制好的排骨放在芋头上，放入蒸锅大火蒸 30 分钟。
7. 香葱洗净，切成小圈。
8. 香葱圈撒在排骨上面即可食用。

💬 **营养贴士**

芋头淀粉含量比较高，可以直接当作主食来食用，吃的时候需要减少主食的摄入量。